JN093284

わくわく 野山に 虫を追う

とちぎの森・自然公園昆虫記

 稲泉 三丸

はじめに

　私は虫採りに出かけるときは、いつも出発前からわくわくしている。なぜか、今日はどんな虫に出会えるか楽しみなのである。ある虫の食草と生えている場所がわかると、そこに行けば、その虫に出会える。しかし、一般的に野外でどんな虫に遭遇するかは99%偶然なのである。採集に行けば、全く予想もしない虫にばったり出会う。その連続なのである。初めて見る虫や、綺麗な虫に出会った時は最高にうれしい。だから虫採りは止められないのである。

　しかし、初めて見る虫、珍しい虫に出会えるのはどこでもと言う訳ではない。街の中やその周辺の森や林では珍しい虫と出会える確率はグンと低くなる。街の中やその周辺は人の住むところで、当然ながら住宅や車、コンクリートなどであふれ、多くの昆虫種が住めそうな自然は残っていない。

　それに反して、街から離れた山や森や林では大昔から住んでいる昆虫類が多数息づいている。そんなわけで、私が虫採りに出かけるとなると、どうしても街から離れた山や森、林を目指してしまうのである。もう、街の中の昆虫種は年々少なくなって元に戻ることは殆どないと思われる。今、栃木県内にどんな昆虫が住んでいるかは、昔からの自然環境が多く残っている、街から離れた山や森の虫を調べて記録し、出来るだけ多くの自然環境と共に後世に残すことである。

　そんなわけで、筆者はこれまで2004〜2014年にかけて栃木県内の山の虫について、また、2016〜2018年にかけては栃木県内の河川の川辺の虫について調べた結果の概要を認めた（稲泉：2015、および2019）。

　本書では、日光国立公園地域以外で、自然環境が比較的多く残っている栃木県が設定、設置した自然公園および森には現在どんな昆虫類が生息しているかを2019年から2023年までの5年間にいくつかの地点で調査した結果をまとめてみた。

調査地域のだいたいの位置は地図に示したが、栃木県県民の森（矢板市）、益子県立自然公園（益子町、茂木町）、太平山県立自然公園（栃木市）、唐沢山県立自然公園（佐野市）、前日光県立自然公園（鹿沼市）、足利県立自然公園（足利市）、宇都宮県立自然公園（宇都宮市）、那珂川県立自然公園（那須烏山市、市貝町、茂木町）、八溝県立自然公園（大田原市、那須町、那珂川町）、その他、井頭公園（真岡市）、根古屋森林公園（佐野市）など。

　筆者は本書において栃木県内の森や自然公園で様々な昆虫類との出会いを楽しみながら、出来るだけ自然の状況や出会った人達の様子などにも触れるよう努めた。そしてまた、本書に記録した昆虫類と共に今ある自然環境を末永く保全する資料として役立てていただくよう願うものである。

栃木県県民の森・栃木県立自然公園の位置図

も く じ

Ⅸ 八溝県立自然公園

Ⅹ その他の公園、森等

I 栃木県県民の森

（栃木県矢板市）

　県民の森は栃木県により昭和49(1974)年、明治100年を記念して矢板市長井に設置されたものである。栃木県のやや北部に位置し、総面積は高原山系のミツモチ山(1248m)一帯を含む973ヘクタールに及んでいる。

　山の樹林帯には遊歩道が縦横に整備され、ハイキングコースやキャンプ場、昆虫の森、野鳥の森、サクラ園、トチノキ園、ツツジ園などもあり、登山、ハイキング、自然観察などに最適である。また、管理棟の一角には森林展示館やマロニエ昆虫館などもあり、森の自然に関する学習の場ともなっている（**写真1**）。

栃木県県民の森

●大田原

●日光

●宇都宮

●足利　　●小山　　栃木県

1. 県民の森、入口風景

県民の森 1 　2019.6.13

天気：快晴　宇都宮市の気温：最高27.3,最低14.5

　当地には、筆者は宇都宮大学勤務中の20〜30年ほど前には学生を連れてよく自然観察に訪れた。今回久し振りに出かけてみると、周辺の木々は大きくなり、林内の歩道に設置された案内標識は朽ちて壊れたり、文字が読めないなど時間の経過を感じさせられた。

　今回は、当地の北西部にある全国育樹祭記念緑地方面を歩いてみた。標高650〜700mほどのところで、目についた昆虫のほとんどは山地性種であった。本日出会った種の中にはこれといっためぼしい種は含まれていなかったので、以下にチョウ類とゾウムシ類の全種と、その他の主な種を挙げておきたい。

　チョウ類ではテングチョウ、コミスジ、クモガタヒョウモン、ヒオドシチョウ(5〜6匹目撃)、クロヒカゲ、ヒメウラナミジャノメ、コチャバネセセリ(多い)、ヒメキマダラセセリ、モンキチョウ、モンシロチョウ、その他種名未確認の黒いアゲハチョウ3匹を目撃。

　ゾウムシ類では、イチゴハナゾウムシ、ダイコンサルゾウムシ、キイチゴトゲサルゾウムシ、ムネスジノミゾウムシ、ハチジョウノミゾウムシ、キンケノミゾウムシ、コゲチャホソクチゾウムシ、ヒゲナガホソクチゾウムシ、ハスジカツオゾウムシ、カシワクチブトゾウムシ、ヒラズネヒゲボソゾウムシ、リンゴヒゲボソゾウムシ、ヒメコブオトシブミ、ルリオトシブミ、グミチョッキリ。

　ハムシ類ではルリハムシ(食草：ハンノキ類)、クルミヒラタハムシ(サワグルミ)、ズグロキハムシ(イヌシデ)、キバネマルノミハムシ(ネズミモチ)、ケブカクロナガハムシ(ヤマハンノキ)。

2. ガロアケシカミキリ
フジやブナ類などの枯枝に集まる
（スケールは1mm）

その他、ヒラタクロクシコメツキ、ヒラタクシコメツキ、ガロアケシカミキリ、ヒラタチビタマムシ、ダイミョウナガタマムシなど。ガロアケシカミキリ**(写真2)**は体長4mm。体は灰色。フジやブナ類などの枯れ枝に集まる。

　10匹以上見られたのはヒラタクロクシコメツキとズグロキハムシ。ヒラタクロクシコメツキは体長11〜19mm.　黒色で体は扁平。山道の草葉上でやや多く見られた。ズグロキハムシは体長6mmほど。上翅は黄褐色。頭部は黒色で、体は全体扁平。

　今回の訪問でチト驚いたことは、育樹祭後の芝生緑地のあまりの広さ、それに、そこを動力草刈り機を使って綺麗に刈り取っていること**(写真3)**。育樹祭の開催に当たっては大面積の樹木の伐採が行われたであろう。祭りの終了後の現在にあっては一部を記念に残し、大部分は元の林に戻してもいいのではと、感じた次第である。それとも、数十年後に開催されるかも知れない次のイベントまで、そのまま維持・管理されるのであろうか。

3. 全国育樹祭跡地　広い！　きれいに芝を刈って、また数十年後に使用？

県民の森 2　2021.5.24

天気：晴れ　宇都宮市の気温：最高26.2, 最低14.7

　今日の県民の森は天気も良く陽差しが眩しい。管理事務所のある標高約600mに車を置き、1248mのミツモチ山の麓を歩いた。大まかなコースは管理事務所→全国育樹祭記念緑地→林道天神線→キャンプ場→林道高原線→管理事務所。

　歩き始めて間もなく、陽当たりの良い草地では白っぽいやや大型のチョウが多数飛び交っているのが目に入った。早春のチョウの代表種・ウスバシロチョウ(**写真4**)である。

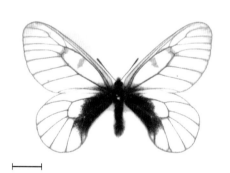

4.早春のチョウ、ウスバシロチョウ
（前翅長のスケール11mm）

　本種は名前にシロチョウと付いているがアゲハチョウ科に属し、北海道から本州、四国に分布。栃木県内では八溝山地と下都賀南部を除く平地から山地にかけて広く分布する。幼虫の食草はムラサキケマンやケマンなどで、本日もっとも多く見られたチョウである。

　その他、本日確認出来た主なチョウの仲間はクロアゲハ、コミスジ、ギンボシヒョウモン、コチャバネセセリ、ルリシジミ、コジャノメ、クロヒカゲなど11種。

　本日得られた昆虫類の中で注目されるものの一つは、栃木県内では日光市のみから見つかっているヤマナラシハムシ(**写真5**)が食草のヤマナラシで多数見つかったこと。本種は体長4mmほどで、からだの色は光沢

5.ヤマナラシハムシ
ヤマナラシにつく。栃木県で2例目の記録
（スケールは1mm）

のある青藍色。

　また、20年ほど前までは平地から山地帯にかけてどこでもごく普通に見られたが、ここ10年来その姿が殆ど見られなくなっていた2種のハムシに本日うれしい出会いがあったこと。

　その一つは、アカガネサルハムシ **(写真6)** である。体長6〜7mmほど。体表面は青緑色で上翅中央部は赤銅色で、一見「森の宝石」と呼ぶにふさわしい美しさである。食草はノブドウ、エビヅルなどで、食用のブドウについて害虫となることもあるらしい。分布は北海道、本州、四国、九州。

　もう一つはイタドリハムシ **(写真7)** で、平地〜山地の林縁や川の堤防などでごく普通に見られたが、最近見かけることが激減した。今回は林道の路肩に生えるイタドリで数匹を目撃。体長は7〜8mm。背面には黒地に橙黄色の斑紋がある。イタドリの他スイバやギシギシにもつく。分布は本州、四国、九州。

6.「森の宝石」アカガネサルハムシ
体長7mm, ブドウ類につく

　その他、本日見られた主なハムシ科甲虫は、クロトゲハムシ（食草：スス

キ）、ルリハムシ（ヤマハンノキ）、キバネマルノミハムシ（ネズミモチ）、コガタカメノコハムシ（ボタンズル）、ムネアカタマノミハムシ（ボタンズル）、ヒメカミナリハムシ（エノキグサ）、トビサルハムシ（クリ）他。

ゾウムシ類では、アカアシノミゾウムシ、クリイロクチブトゾウムシ、リンゴヒゲブトゾウムシ。コメツキムシ類では、タテスジカネコメツキ、コガタシモフリコメツキ、ヒメクロコメツキなど。

ゾウムシとコメツキムシ類では種名の不明な種が数個体得られ同定中であったが、そのうちゾウムシはミツオビヒメクモゾウムシ**(写真8)**とチャイロアカサルゾウムシであることが判明した。いずれも栃木県内では2例目の記録で、前種は塩谷町で、後種は日光市から最初に見

7.イタドリハムシ
体長7〜8mm, 数年前はイタドリやスイバなどに多数見られたが、最近見かけることが少なくなった

8.ミツオビヒメクモゾウムシ
栃木県2例目の発見（スケールは1mm）

つかっている。

　帰路キャンプ場からのアスファルト車道添いの草地を掬っていると、ヤマビル3匹が入ってビックリ。今回訪れている高原山系にはヤマビルが潜んでいるのを忘れていた。ヤマビルがいるということは、この辺りにはシカがいると思われる。とにかく身体に吸い付かれなくて良かった。

県民の森 3　2021.7.17

天気：快晴　宇都宮市の気温：最高33.0, 最低22.6

　　関東では昨日（7月16日）梅雨明けとなり、本日は快晴の天気となった。本日の歩いたコースは前回（5月24日）とほぼ同じ。

　　管理事務所から山の方に歩いて行くと、ジーというニイニイゼミらしい鳴声が聞こえてきた。その後、少し登ったところでコエゾゼミらしいゲーという鳴き声。また少し登った約750m地点のあずま屋で休憩していると、突然セミが一匹飛び込んできた。すぐに建物の外に飛び去ったが、チラッと見たところエゾハルゼミに違いないな、と思った。

　　また、750m付近では沢山のアカトンボが見られるので、1匹捕まえて見ると、ナツアカネである。更に、5匹ほどアミに入れてみると、みなアキアカネであった。一般的には、この時期アキアカネの平野部から山間部への移動が行われるが、ナツアカネもごく一部の個体は山へ移動するのではないかと思われた。

　　さて、本日得られた獲物であるが、特にハットするような珍品は見られなかった。主な種を挙げてみると、

　　ゾウムシ類では、オオクチブトゾウムシ、キイチゴトゲサルゾウムシ、ムラカミチビシギゾウムシ、グミチョッキリ、チャイロチョッキリ。ハムシ類ではヤマナラシハムシ、キアシヒゲナガアオハムシ、トビサルハムシ、ヒゲナガアラハダトビハムシ、ルリクビボソハムシ。その他の甲虫ではクチブトコメツキ、クロツヤハダコメツキ、マエアカクロベニボタルなど。これらのうち、栃木県内でやや発見例の少ない種として、次の2種を挙げておきたい。

　　一つ目はキアシヒゲナガアオハムシ(**写真9**)。体長5mm。体色は胸部

が黄褐色で、上翅は光沢のある深緑色。国内分布は本州、四国、九州。栃木県内では那須塩原市、日光市、茂木町、足利市などからの記録がある。食草としてネコノチチ、クマヤナギが知られている。

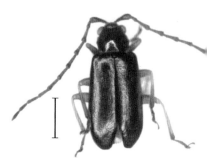

9.キアシヒゲナガアオハムシ
クマヤナギなどにつく（スケールは1.5mm）

　もう一つはマエアカクロベニボタル**(写真10)**。体長8mm。上翅の体色はほぼ黒色であるが、基部方三分の一ほどはうっすら赤色。国内分布は本州。栃木県内では日光市（旧栗山村、旧藤原町、千手が浜）、那須塩原市などから記録されているが少ない。

　帰りがけ矢板市の道の駅に立ち寄ったところ、店内の一角に「昆虫コーナー」があり、数名の子供達が覗き込んでいる。虫籠に生きたクワガタやカブトムシが入っていて、国内産は1匹3千円以下、外国産は3千円以上の値が付いている。

　そういえば、今朝、県民の森を歩いていると、軽自動車の青年が近寄ってきて「何を採っているのか」と尋ねてきた。「研究用の小さい虫だよ」と答えると、青年はミヤマクワガタを探しているとのこと。車内には虫籠や捕虫網などが多数積まれている。そこで私は、さっき出会った青年はクワガタなどを売買するペットショップの人だったんじゃないか、と直感した。

10.マエアカクロベニボタル
国内分布は本州のみ。成虫は発光しない
（スケールは2.5mm）

県民の森 4　　2021.8.28

天気：晴れ、曇り　宇都宮市の気温：最高34.3, 最低22.6

　8月末となったが、暑い日が続いている。ただ天気予報では午前中は晴れるが、午後は所により雷雨があるという。そうなると、山に出かけるのは踏躇せざるをえない。本日もこんな予報だったが、いつまで待っていてもらちがあかないということで、午前中勝負でもと思い、県民の森に出かけてみることにした。コースは前回同様、管理事務所から全国育樹祭記念緑地を経てキャンプ場方面を歩く。周辺からはコエゾゼミと初秋を感じさせるツクツクボウシの鳴声が聞こえてくる(**写真11**)。

　今回のエモノの中で久し振りの出会いでオヤッと思ったのはハスオビ

11.県民の森入口付近の景色
奥の建物は管理事務所。右上の山はミツモチ山

12.ハスオビヒゲナガカミキリ
オスのアンテナは長く、体長の4倍半
（スケールは3mm）

13.キイロクワハムシ（ウスイロウリハムシ）
クワ、コナラなどにつく（スケールは1.5mm）

ヒゲナガカミキリとキイロクワハムシかな。両者に少し触れてみると、

1）ハスオビヒゲナガカミキリ♀ **（写真12）**

体長は9mm。体色は灰褐色。体は細く、上翅中央に1対の斜紋を備える。オスの触角は長く、体長の約4倍半。国内分布は北海道、本州、四国、九州で寄主植物はキイチゴ、ハナイカダ、キブシ、サルナシなど。栃木県内の産地は宇都宮市、日光市、鹿沼市、塩谷町、佐野市、栃木市など。

2）キイロクワハムシ（ウスイロウリハムシ）**（写真13）**

体長5mm。体色は黄色〜黄褐色。国内では本州、四国、九州に分布。食草としてクワ、コナラ、タラノキ、エゴノキ、ハギなどが知られている。栃木県内では那須町、日光市、塩谷町、宇都宮市、鹿沼市などから記録がある。

その他、この日得られた主な種を挙げると、チビヒョウタンゾ

ウムシ、クリイロクチブトゾウムシ、クロサワシギゾウムシ、ガロアノミゾウムシ、カクムネトビハムシ、オオキイロノミハムシ、ヨモギハムシ、ムナビロサビキコリなど。

　この中のクロサワシギゾウムシ**(写真14)**は体長4mm。分布は本州。上翅は茶褐色で白色と褐色の刺毛が生える。これまでの栃木県内記録は日光市湯西川、高根沢町、宇都宮市の3カ所のみ。

　また、ハチ類では片山栄助氏の同定により、大型のアリガタバチの一種、クシヒゲアリガタバチ1♂(体長6mm)が得られていることがわかった。本種では♀は普通に見られるが、♂は稀であるとのことである。

　ミツモチ山の麓に位置している当地では、至る所に渓流や小さな流れがある。そんなある1カ所で水を飲み一休みしていると、右肘にちくっと鋭い電気が走った。直ぐに袖をまくってみると、大型の黒っぽいアリの一種

14.クロサワシギゾウムシ
栃木県内の記録は3カ所のみ
（スケールは1mm）

が肘にかみついているではないか。とっさに払い落としたため捕まえるには至らなかったが、2カ所にかみ傷が付き、少量の出血が見られる。その後、たいしたこともなく忘れかけていたが、自宅に戻ったあとかみ傷の周りが赤く腫れ上がってきた。そして、翌日には更に腫れが拡大し、猛烈に痒くなってきた。虫刺されの薬を付けたが痒みはなかなか治まらず、このような状態が1週間も続いた。こんなことは初めての体験である。

　また、山から帰宅後風呂に入ろうとしたところ、右足のくるぶしの周辺に血液がべっとり付いている。靴下にも、ズボンの裾にも血が付着し、出

血の跡が見られる。山で転んだり、どこかにぶつけたりした記憶は全く無い。しかも、痛くも痒くもない(2日くらい後に出血跡に多少の痒みを覚えた)。これはいったいなんなんだろうと考えてみた。

　今年7月17日に当地を訪れたとき、道端の草地のスウィーピングでヤマビル2匹を目撃したことを思い出し、ヤマビルによる吸血に違いないと確信した。栃木県内では標高千メートル以下でシカの生息するところではヤマビルが潜んでいるので注意が必要だ。それにしても、今回はアリにかまれたり、ヤマビルに血を吸われたりで、さんざんな採集行となった。

II 益子県立自然公園
(栃木県益子町、茂木町)

益子町は栃木県の南東部に位置し、陶芸の町として全国的にも有名なところである。東部の茨城県境近くには高館山、雨巻山、仏頂山、高峯など八溝山系の山々が連なり、風光明媚な優れた自然環境に恵まれている。特筆すべきは、区域内にある西明寺には多数の国指定重要文化財があるほか、暖地性植物の北限地とされ、シイ、カシ、クスなどの照葉樹林が残されている。

また、市街地の北部に位置する「益子の森」は総面積31haのなだらかな丘陵地で、「わんぱく広場」や「アジサイ広場」、「ひだまり広場」などの他、遊歩道沿いには種々のトリムが設置されている。また、頂上には高さ20mの巨大な木製の展望台があり、付近の眺望を楽しむことができる**(写真15・次ページ16)**。

15.「益子の森」入口付近

益子 1「益子の森」 2019.6.18

天気：曇り、時々晴れ　気温：28.4, 最低17.7

16.「益子の森」遊歩道の風景

17. ススキの茎につくホソツツタマムシ
（スケールは1.5mm）

　今回は「益子の森」と、そこか
ら遊歩道の延びている西明寺、
高館山付近を歩いた。

　本日出会った虫の方は、この時
期としてはちょっと少ないように感
じたが、チョウ、ハムシ、ゾウムシ
類の見かけた全種を挙げると以
下の通りである。

　チョウ類：ヒオドシチョウ、イ
チモンジチョウ、キチョウ、ムラ
サキシジミ、サトキマダラヒカ

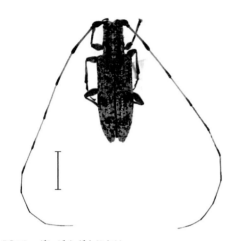

18.チャボヒゲナガカミキリ
広葉樹の伐採木に集まる
（スケールは4mm）

ゲ、黒いアゲハチョウの一種、セセリチョウの一種。

　ハムシ類：カタビロトゲトゲ、ヤマイモハムシ、マダラアラゲサルハムシ、ツブノミハムシ、ヒゲナガアラハダトビハムシ、キイロタマノミハムシ、ワモンナガハムシ、ムネアカキバネサルハムシ。

　ゾウムシ類：カシワクチブトゾウムシ、ツヤチビヒメゾウムシ、ササコクゾウムシ、トホシオサゾウムシ、コフキゾウムシ、ヒメクロオトシブミ。

　その他：ホソツツタマムシ、ニセシラホシカミキリ、シラホシカミキリ、チャボヒゲナガカミキリなど。

　その他の中で特に注目したいのはホソツツタマムシとチャボヒゲナガカミキリの2種。

　ホソツツタマムシ **(写真17)** は体長4〜5mm.黒色で体は細く筒状。ススキにつくとされ、筆者(2019)は栃木県内の那珂川、箒川、鬼怒川、思川、渡良瀬川などの河川敷から記録している。今回は、川から離れた丘陵地のススキなどの生えた草地より2匹を得た。これにより、本種は河川敷に限らず、ススキの生えた草地に広く生息するものと思われた。

　もう一種のチャボヒゲナガカミキリ **(写真18)** は体長9〜13mm.体色は黒褐色。上翅には灰褐色や黒褐色の微毛による斑紋を散布する。今回の個体は♀で、触角は体長の1.8倍（♂では体長の3倍長もあるという）。広葉樹の伐採木より得た。栃木県内では日光市、塩谷町、鹿沼市、栃木市、足利市などから広く記録されているが、個体数はあまり多くないようである。

益子 2 「益子の森」〜西明寺

天気：晴れ　気温：最高31.2, 最低22.0　　　　　　　　　　2019.8.21

　　今回は「益子の森」一周と西明寺から益子公園線を通って、高館山頂
上近くの［権現平］まで歩いた。今年はお盆過ぎから雨の日が多く、気温
は30℃の真夏日が続いている。出発点の「益子の森」に車を置くと、森
の奥の方からはミンミンゼミ、アブラゼミ、ツクツクボウシの鳴声が聞こえ
てくる。

　　北側の遊歩道を歩き始めて直く、目に止まったのは山道上を低く飛ぶ
トウキョウヒメハンミョウである。この山にも分布を拡げているのだなと
思った。つい最近、宇都宮市東
木代の鬼怒川堤防や塩谷町の
荒川堤防、佐野市唐沢山で見
かけているが、既に平地から低
山地にかけて広く生息している
ようである。本種は、本県では
1985年に初めて宇都宮市内か
ら発見され、その後、他のハン
ミョウ類の生息していない、す
なわち競争相手の住んでいない

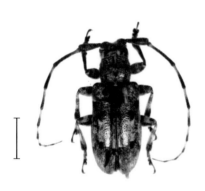

19.カタジロゴマフカミキリ
各種の枯木に集まる（スケールは5mm）

地域へと分布域を拡大しつつあるものと思われる。

　　その他、「益子の森」で見かけた甲虫類ではカタジロゴマフカミキリ、
スグリゾウムシ、コゲチャホソクチゾウムシ、キイロタマノミハムシなど。こ
の中のカタジロゴマフカミキリ **(写真19)** は、あまり多く見かけない種と
思われる。体長は16mmほど。肩と上翅中央部が白っぽく、上翅にはいく

つかの黒紋を備える。栃木県内では日光市藤原や湯西川、鹿沼市、宇都宮市、黒磯市などから点々と記録されている。今回は、広葉樹の枯れ木上で2個体を見つけた。

　チョウ類では特にめぼしいものは見られなかったが、個体数の多いのに驚いたのはサトキマダラヒカゲで、その他クロヒカゲ、ヒカゲチョウ、ジャノメチョウ、モンキアゲハ、ルリタテハ、クモガタヒョウモンなどが見られた。

20.ヤスマツトビナナフシ♀
ピンクの薄い後翅を持つが飛べないと思われる
（スケールは18mm）

21.ヤマトタマムシの♀が山道脇の伐採木の割れ目に下腹部を差し込んで産卵中

2019.08.21

その他、「益子の森」で見かけた注目すべき種としてはナナフシ目のヤスマツトビナナフシ（前ページ写真20）が挙げられよう。本種は体長42mm。前翅は退化し、後翅はピンク色をした薄い膜状。実際には飛ぶことはできないと思われる。クヌギやクリなどの広葉樹の葉を食べる。栃木県内では那須町、日光市藤原、宇都宮市、真岡市、足利市などから少数が見つかっている。今回の個体は益子からは2度目の記録と思われる。

　その後、「益子の森」から西明寺に移動し、益子公園線のアスファルト道を高館山頂近くの権現平に向かって歩いた。その途中、路肩に放置された広葉樹の伐採木でヤマトタマムシ1匹を発見。♀個体で、幹の割れ目に腹部末端を差し込んで、まさに産卵中であった（前ページ写真21）。

　更に、急なカーブの多い車道を上っていくと、道路の中央部を歩行する黒いやや大きい虫の姿。私にとっては当地で2度目のオオゴキブリ（写真22）である。捕まえようとすると素早く歩き回り、しかも足には鋭いトゲが生えていて素手で捕らえるのは頗る困難。なんとかネットの中に誘導し捕まえた。本種は体長40mmほどで、光沢のある黒色。体は頑丈で重戦車のよう。わが国では新潟県以南の山中に住み、朽ち木の皮下や材部に潜み、木質部を食べて生活する。市街地の人家に住むクロゴキブリなどとは異

22. 左はオオゴキブリで、低山の朽木の中や落葉下などで見られ、頑健（スケールは10mm）。右は比較のために示した人家内に住むクロゴキブリ

なり、人家に侵入することはない。栃木県内では益子町の他、旧馬頭町鷲子山、塩谷町船生、ごく最近では大田原市 (小林,2022) から見つかっている。

　今回得られたハチ類をハチの専門家の片山栄助氏に見ていただいたところ、栃木県のレッドリストで準絶滅危惧種に指定されているミカドジガバチが含まれていることがわかった。同氏によると、多くのジガバチ類が地中に営巣するのに対して、本種は古木の穴などに営巣するという。

益子3西明寺〜高館山　2020.5.8

天気：晴れ　気温：最高22.6, 最低7.6

　今日は、益子町西明寺から益子公園線を通って高館山(301.7m)まで歩いてみることにした。道幅は3〜5mほどでアスファルトのヘアピンカーブが続く。道の両側は広葉樹と杉の混じった林が続いている。

　道端の草葉をスウィーピングしながら上がっていくと、路肩に放置された数本の広葉樹の伐倒木が目についた。木の表面には白っぽい薄っぺらなキノコの一種がびっしり生えている。キノコの裏側を見るとナガニジゴミムシダマシとマルツヤニジゴミムシダマシに混じって、多数のクロチビオオキノコやアカハバビロオオキノコが群

23.森の宝石ハンミョウ
（スケールは6mm）

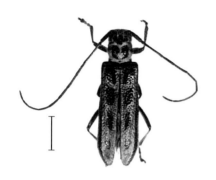

24.フチグロヤツボシカミキリ
ホオノキにつく（スケールは3mm）

がっている。

　また少し歩いて行くと、路面を飛び上がったり、数メートル先に着地する虫を発見。久し振りの出会いとなる美しいハンミョウ**（前ページ写真23）**である。かつては山道などでよく見られたが、最近は舗装道路が増え、車が通るため激減してしまった。本種は栃木レッドリストでは絶滅危惧種（Cランク）に指定されている。ついでながら、ハンミョウと同じ仲間で、同じような環境に普通に見られたニワハンミョウも最近めっきり少なくなったような気がする。

　この後、ホオノキの葉上で筆者が初めてお目にかかるフチグロヤツボシカミキリ**（写真24）**に遭遇した。大きさ12mm、体は緑色で背面に4対の黒い紋のある美しい種である。栃木県内では日光市藤原と市貝町から少数の記録があるようである。幼虫はホオノキの朽ち木で育ち、成虫になるとその葉を後食することが知られている。

　2020年春以来、全国的に新型コロナウイルスの感染が拡大しているため緊急事態宣言が出され、外出が自粛されているためか今日出会ったのは5〜6台の乗用車、2〜3台のバイク、5〜6組の来訪者のみであった。この中の一組2名とは高館山の頂上付近で出会ったが、でっかい望遠レンズを構えている。「何を狙っているのか」と尋ねてみると、渡り鳥のキビタキだという。

　山頂のすぐ下には益子の市街地が一望出来る絶景ポイントの「権現平」がある。ベンチがあり、周囲にはヤマツツジが満開である。おにぎりを食べていると、ツツジの花にはキアゲハやカラスアゲハ、マルハナバチ類がひっきりなしに訪れている。今日、この他に見たチョウ類はヒオドシ

チョウ、コジャノメ、コチャバネセセリなど。

　その他、本日見かけた甲虫類ではハムシ科のマダラアラゲサルハムシ、ムシクソハムシ（食草：コナラ）、セモンジンガサハムシ（サクラ）、マルキバネサルハムシ（ハギ類）。コメツキムシ科ではキバネホソコメツキ、ケブカクロコメツキ、コハナコメツキ、コガタクシコメツキ。ゾウムシ類ではツンプトクチブトゾウムシ、コゲチャホソクチゾウムシ、ヒメコブオトシブミ、ムネスジノミゾウムシ、クチブトチョッキリ他であった。

　また、この日得られたハチ類を片山栄助氏に見ていただいたところ、比較的稀な種であるミツバチ科のタイチョウキマダラハナバチが含まれていた。

益子 4 西明寺〜高館山　2020.7.12

天気：曇り時々晴れ　気温：最高23.4, 最低18.4

25.ケシカミキリ
日本最小級のカミキリムシ。
アカマツやクリなどにつく（スケールは1mm）

　今年（2020年）の梅雨は長雨が続いており、7月に入り中部地方や九州地方では大雨による大河川の氾濫などで80名以上の死者が出るなど大災害となっている。

　栃木県内でも7月に入ってから一日中晴れた日は全く無かったが、この日、急に晴れ間が出てきたため、急きょ県東部の高館山を訪れることにした。

26.シロコブゾウムシ
フジなどのマメ科植物につく。体長16mm

本日の朝は雨上がりとあって、植物も地面もかなり濡れている。益子公園線を歩き始めると、小型のチョウが1匹飛び出した。アミに入れてみるとムラサキシジミである。本種は関東以南に分布し、シラカシなどの常緑カシ類を食草とする、紫色をしたきれいなチョウである。栃木県内では平野〜低山地にかけて広く生息している。

更に、アスファルト道路を上がっていくと、時々オートバイや乗用車が通るくらいで人の気配はほとんどない。道の両側の草葉や広葉樹を掬って見るが、これと言ったエモノは無い。そんな中、たまたまアミの底をのぞいてみると、微小なヒゲの長い虫が目に入った。本邦産カミキリムシの最小種の部類に入ると思われるケシカミキリ**(前ページ写真25)**である。

本種は図鑑類では体長が2.3〜4.2mmと記載されている。今回の個体は2.8mm。上翅は褐色。日本全土に分布し、

27.ホソカッコウ
倒木の樹皮下に住む（スケールは2mm）

アカマツ、クロマツ、クリ、アカメガシワにつく。栃木県内では茂木町、宇都宮市、栃木市、野木町など低山でポツポツ見つかっているが、余り多くない。というより、小さすぎて目にとまらないのかも知れない。

それとは逆に体長が4倍も大きく、がっちりした体格のシロコブゾウムシをフジの葉上に見つけた(**写真26**)。

高館山の山頂付近でのスウィーピングでは、栃木県内ではやや標高の高い所からの記録しかないはずの2種の甲虫を見つけて驚いた。

一つはホソカッコウ(**写真27**)である。本種は体長6mm。体は細長く、胸は赤褐色、上翅は黒色。栃木県内からは、これまで旧藤原町と旧栗山村、旧塩原町、鹿沼市、旧黒磯市、塩谷町などから少数の記録しかなかった。

もう一つはヒメクロツヤハダコメツキである。本種は体長10mm。頭胸部はツヤのある黒色。上翅は黄褐色。アンテナ2,3節は筒状、4節以降は鋸歯状。栃木県内の分布は旧栗山村や旧塩原町、日光市(旧藤原町)、那須町、八溝山などの山地帯に限られていた。

益子 5 西明寺〜「益子の森」

天気：曇り時々晴れ　気温：最高26.9, 最低18.0　　　　　　　2020.9.16

今年(2020年)の夏は、7月は毎日のような雨、8月は猛暑と新型コロナの感染拡大などで調査に出掛ける多くの機会を失った。

今日は西明寺から益子公園線を通って高館山往復と、フォレスト益子に移動して「益子の森」を歩いた。宇都宮から車を走らせると、沿線では稲刈りが盛んで、既に半分くらいが終わっているようである。

西明寺で車を降りるとツクツクボウシの鳴声が耳に入ってきた。目には

28.ホタルガ
昼間飛ぶガの一種。食草はサカキ。前翅長は25mm

　翅（はね）に白っぽい紋の目立つガの一種、ホタルガ**(写真28)**が飛び込んできた。しかも、1匹2匹ではなく、高館山頂**(写真29)**にかけての至る所で多数を見かけた。本日の後半で立ち寄った「益子の森」でもあちこちで見かけた。ホタルガは本日もっとも多く見られた昆虫であった。

　ホタルガは前翅の差し渡しが25〜30mmで、前翅に斜めの白い帯があり、飛んでいる時よく目立つ。日本全国の平地から山地に生息し、7月ころと9月ころの2回発生する。幼虫の食草はサカキとヒサカキで、益子の山ではサカキが多数自生している。本日、日中飛んでいるのが見られたように、本種は昼間活動性のガである。

　この日最も多く見られた昆虫はホタルガだと述べたが、実を言うと最も多かったのはヤブカ（種名は確認していない）であった。現地に到着後、終始からだにまとわりついていたのはヤブカだったのである。肌の露出している顔や耳など数カ所を刺され、猛烈な痒さに悩まされた。蚊除けのス

プレーやかゆみ止めの薬を持っていたが、蚊の集中攻撃には役に立たなかった。

　「益子の森」を歩いていると、70才くらいおじいさんに出会った。「虫を採っているのかね」と。「はい」と答えると、それなら7月頃この森の入り口にあるトイレに朝早く来てみなさい。電灯にクワガタやカブトムシが沢山きているよ、と。どうも、クワガタの好きなガキと一緒にされてしまったようである。

　この日見かけたチョウ類を挙げると、キチョウ、モンシロチョウ、スジグロシロチョウ、クロアゲハ、ツマグロヒョウモン、オオチャバネセセリ、イチモンジセセリ、ヒカゲチョウ、ヒメウラナミジャノメ、その他種名の確認が出来なかったヒョウモンチョウとシジミチョウ各1種の計11種。

　その他、この日多くの個体が見られた甲虫類2種を挙げると、いずれも益子公園線の路肩に自生する草葉についていたもので、一つはツユクサで見られたクビボソハムシ類である。ツユクサには数種のクビボソハムシ

29.高館山山頂風景

類のつくことが知られているが、今日見られたのは多数のキバラルリクビボソハムシとアカクビボソハムシ1個体であった。

　もう一つは、タデ類に多数見られたタデサルハムシ。体長2〜3mmで黒色をした地味な種。♀ではかなり長い口吻を持つが、♂の口吻はそれよりやや短く、別の種かな、と思わせる。

　今回は9月中旬ということで、虫の個体数も種類数もめっきり少ないなと感じた。

益子 6 仏頂山 2021.7.22

天気：晴れ　真岡市の気温：最高34.3, 最低22.2

　今日は栃木県南東部で栃木・茨城県境に位置する益子町の仏頂山(430.8m)を訪れた。本山は低山ながらアップダウンの多い山で、一汗かいて頂上に着く

30.クロコノマチョウ
北方に分布を拡大中の南方系のチョウ。イネ科植物につく
（前翅長のスケールは20mm）

と、いきなりモンキアゲハが飛び回っているのを目にした。もう1種目にしたのはオオシオカラトンボである。

　本種は平地に多いシオカラトンボよりやや大きく太めの体型で、雌雄の体の色もシオカラトンボによく似ている。本種をよく見かけるのは低山地の緩やかな流れや池沼の周辺である。この山が余り高くはないとはいえ水気の全く無い山の頂上で本種を見かけるのは珍しいと思った。後で調べてみると、未熟な個体は水域を離れて近くの林の中で生活し、成熟すると生まれた水域に戻るという。

　頂上で休んでいると30〜40才くらいのご夫婦と5才くらいのお嬢さん連れの一行がやって来た。近くの茨城県桜川市から来られたという。この他、本日登山道で出会ったのは麓の益子町から来られたという40才くらいの男性と茨城県笠間市から来られたという70〜80才くらいのおじいさん。当方、この山には最近では2011年と2014年に来訪しているが、その時はもっと多くの登山者に出会ったと記憶している。少ないのは今時の新型コロナが関係しているのかも知れない。私は今日登った上小貫〜奈良駄峠コースには登山口に駐車スペースが設けられていないのと、このコースを利用する人が少ないためか、山道が荒れているなと感じた。

　今日、この山で出会った昆虫類についてであるが、チョウ類ではクロコノマチョウ、モンキアゲハ、クロアゲハ、ウラギンシジミ、ムラサキシジミ、ホソバセセリ、コチャバネセセリなど11種。

　この中のクロコノマチョウ(**写真30**)は東洋熱帯に広く分布する南方系のジャノメチョウの1種、国内では南西諸島や九州、四国方面に分布の中心を持っているが、最近北方への分布を拡大している昆虫の一つ。日本における分布北限は2000年ころには山梨、静岡以西とされたが、現在では埼玉、千葉、栃木、茨城方面に拡大していると考えられている。栃木県内での採集記録は真岡市を中心に栃木市、益子町、茂木町などから多数報告されている。食草としてエノクログサ、ススキ、イヌビエなどのイ

ネ科植物が知られている。今回見つけた個体は麓の薄暗い雑木林の中を飛翔していたもの。

本日出会った昆虫の中でもう1種注目したいのはホソバセセリである。本種は栃木県内では西部の山岳地帯以外の平野部から低山地にかけて広く分布するが産地は局所的で、

31.ジュウジコブサルゾウムシ
（スケールは1mm）

2018年版レッドデータブックとちぎで準絶滅危惧種（Cランク）に指定されている。本日は登山道で5,6匹を目撃し、この地域では多く生息しているな、と感じた。本種の食草はススキで、オカトラノオ、ウツボグサなどの花を訪れ吸蜜する。

その他甲虫類ではクロクチブトサルゾウムシ、ジュウジコブサルゾウムシ、ウスモンオトシブミ、エゴツルクビオトシブミ、ヒゲナガオトシブミ、アカクチホソクチゾウムシ、シリアカタマノミハムシ、クチボソコメツキなどに出会った。

この中のジュウジコブサルゾウムシ（**写真31**）は体長2.5mm。体の色は黒色で、背面中央には逆T字形の黄色紋がある。栃木県内では日光市、鹿沼市、佐野市、那須塩原市、益子町雨巻山などから記録されている。

*益子県立自然公園内には、その他雨巻山、高峯などの森が含まれているが、これらの昆虫類については稲泉（2015）に記述がある。

Ⅲ 太平山県立自然公園

（栃木県栃木市）

　本公園は栃木県の西南に位置し、太平山(346m)・太平山神社を中心とした丘陵地帯の園地である。太平山から南への晃石山(419.1m)、馬不入山(345m)、岩船山(173m)をたどる稜線は好展望のハイキングコースとして多くのハイカーが訪れている。また、春の太平山のサクラ、6月の太平山、大中寺のアジサイは名所として知られている。

●大田原

●日光

●宇都宮

●栃木

●益子

太平山県立自然公園

◆

●足利　　●小山　　栃木県

32.大中寺山門

太平山 1 　2020.6.16

天気：快晴　佐野市の気温：最高33.0, 最低21.1

　　今回は太平山から晃石山まで行き、大中寺(**写真32**)を経て太平山に
戻った。この山に登るのは今回が3度目。2度は太平山神社近くまで車で
行ったが、今回は麓のアジサイ坂の入り口に車を置き、真っ盛りのアジサ
イの花を眺めながら、山の上にある神社目指して登ることにした。

　　登りはじめてみると、80才を過ぎた私にとっては簡単な行程ではない
ことを思い知らされた。階段状の登りはどのくらいあるのか数えてはみな
かったが、数百段はあったものと思われる(実際には約千段あるらしい)。
上方を見ると天まで届きそうな長い長い階段である。次第に腰痛とスタミ
ナの消耗で難儀を強いられた。今日のこの後の虫採りに体力を温存しな
ければならないというのに、何ということだろう。

　　やっとのことで神社にたどり着き、まずはお賽銭をあげて本日の安寧
と大漁を祈願し、奥の院への登りに歩を進めた。途中、40才くらいの男性
と出会ったところ、私がアミを持っていることに気づいたのか、奥の院の
建物のところに白っぽい大きなチョウのような虫が止まっていたと教えて
くれた。すぐに向かってみると、片方の前翅の長さが50mmもあるアゲハ
チョウくらいの大きさの薄青白色をした蛾の一種、オオミズアオであっ
た。珍しい種ではないが幼虫はコナラやサクラ、モミジ類などを食べ、平
地から低山の灯火などに飛来することがある。

　　この後、本日の目的地の一つである晃石山へと向かう。道すがら予想
以上に多いハイカーに出会った。男性では単独の方が多く、女性では2〜
5人ほどのパーティーが多いようである。じーさんがアミを持ってのこのこ
歩いているので、「何を採ってんの」と決まり文句の質問が飛んできた。

33.ミヤマカメムシ
栃木県内では平地から山地にかけて広く見られるが、
あまり多くない（スケールは2mm）

晃石山の狭い頂上に着いて、おにぎりを食べていると、3匹ほどのキアゲハが飛来して登山者の帽子や背中に止まってなめ回している。人間の汗から水分と塩分を吸い取っているのである。

山のてっぺんにはよくいろいろなチョウが集まって来ることが多い。時に縄張りを主張して、後からやってくる同種の個体や、他の種のチョウにスクランブルをかけ、追い払っているのが見られる。

晃石山のベンチでは、佐野から来られた当方よりお若い高校の先生とご一緒した。時々山に登り風景写真などを撮って楽しんでおられるとのことである。次第に話が弾んできて、私が元宇都宮大学に勤めていたことを知ると、いろいろな虫のことやご自身が元宇都宮大学の教授の方の仲人で結婚したことなど、話に花が咲き始め時間の経つのを忘れてしまいそう。下山は同じ方向ということで、途中までご一緒させていただいた。さて、本日のエモノであるが、チョウ類では普通種に混じってミスジチョウ1匹が見られたことを挙げておきたい。このチョウは黒地に白い筋の入ったモンシロチョウとアゲハチョウの中間くらいの大きさ。栃木県内では平地から山地にかけ見られるが、必ずしも多くない。幼虫はカエデやモミジにつく。

カメムシ類では、オオトビサシガメ、ミヤマカメムシ、セアカツノカメムシに出会った。ミヤマカメムシ（ミヤママダラカメムシ）**（写真33）** は栃木

県内では旧栗山村土呂部、岩船山、栃木市、那須岳、日光市、宇都宮市、鹿沼市、足利市などからの記録があるが多くない。オオトビサシガメは旧今市市、益子町、旧藤岡町、大田原市、塩谷町などから記録されているがあまり多くない。

34.キスジセアカカギバラバチ
ヤドリバエ類に寄生することが知られている
（スケールは3mm）

甲虫類ではカタモンミナミボタル、ムネクリイロボタル（以上ホタル科）、マエアカクロベニボタル（ベニボタル科）を見かけた。いずれもホタルという名前がついているが、幼虫も陸生で成虫になっても光ることはない。

その他、これまで栃木県内では佐野市、旧粟野町、大田原市から記録があるのみのキスジセアカカギバラバチ**(写真34)**1匹を得た。本種は体長10mmほど、胸部は赤褐色、腹部は黒地に黄色の斑紋のある美しい種である。ハチの専門家の片山栄助氏よりのご教示では、同氏は栃木県では那須塩原市内から十数匹を得ているという。また、本種の生態は複雑で、確実な寄主として知られているのはマダラヤドリバエであるという。

太平山2 　2021.5.6

天気：快晴　佐野市の気温：最高26.6, 最低15.1

今日は、大平山神社から晃石山方面への稜線には上がらず、アジサイ坂から大中寺を経て清水寺までの裾野を歩いてみることにした。

平地では田植えの真っ最中で、山に入るとツツジの花が終わりに近づいている。

アジサイ坂入り口の駐車場で車を降りると、突然目の前にアオスジアゲハが飛び出し、高い木の梢に姿を消した。本種とは久し振りの出会いで、筆者の記憶では3年ほど前に鹿沼市の行川（なめりがわ）の畔で出会って以来である。駐車場には十数台の車が見られ、リックを背負い杖を持った中高年のおばさん達が集結している。

アジサイ坂下を出発。大中寺まではアスファルトの車道歩きとなる**(写真35)**。道の両側の広葉樹をスウィーピングしながら虫採り開始。歩き始めて間もなく顔を出した赤や紫、橙色のツツジの花にはカラスアゲハ、クロアゲハ、アゲハチョウが次々にやって来てはせわしなく飛び去る姿が見られる。道すがら、時折サイクリングの若者や中高年のハイキングの人たちにも出会う。

また、何者かの仕業なのか、路肩がぼこぼこに掘り起こされた状況があちこちで見られる。イノシシがやったものだろうと直感した。さらに、大中寺から清水寺への細い山道でも同様の土の掘り起こしが続いており、ほぼ全行程にわたって鉄柵が張り巡らされている。虫のいそうな草地やヤブがあっても鉄柵に阻まれて入り込めない。

本日の虫の方のエモノであるが、これといった珍しいものは何も見られなかった。最も多く見られたのはハムシ科の甲虫類で、主な種を

35.アジサイ坂～大中寺間の風景

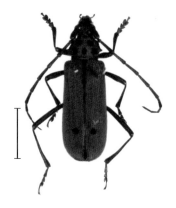

36.ヘリグロベニカミキリ
カエデなどの花に集まる（スケールは6mm）

挙げると、キイロクビナガハムシ（食草：ヤマノイモ）、サメハダツブノミハムシ（アカメガシワ）、アカタデハムシ（サクラ）、マダラアラゲサルハムシ、ハラグロヒメハムシ、ホソルリトビハムシ（アケビ）、ツヤキバネサルハムシ他。この中で、本日最も多数見かけたのはハラグロヒメハムシであった。

　本種は体長3〜4mmで青藍色。食草はボタンヅル、センニンソウ。本州、四国、九州に分布し、低山地の路肩や草地で最も普通に見られる種である。

　カミキリムシ類ではトゲヒゲトラカミキリ、エグリトラカミキリ、ヘリグロベニカミキリ（**写真36**）、ヒシカミキリなど。ゾウムシ類ではカシアシナガゾウムシ、コゲチャホソクチゾウムシ、ケチビコフキゾウムシ、ムネスジノミゾウムシ、ケブカクチブトゾウムシなど。コメツキムシ類では体長8mmほどのコガタクシコメツキが多数見られた他、クロツヤクシコメツキ、ウストラフコメツキ、キバネホソコメツキなどが散見された。

　この他、カメムシ類ではマツムラグンバイ（**写真37**）が得られた。本種は半翅目グンバイムシ科で、体長3.5mm。体色は黒褐色。ミズキなどにつくことが知られている。体型が相撲の行司が持つ軍配に似ているところからこの名がある。

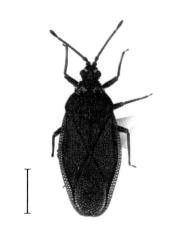

37.マツムラグンバイ
ミズキなどにつく（スケールは1mm）

Ⅳ 唐沢山県立自然公園
(栃木県佐野市)

　本公園の主要部分は、旧田沼町の京路戸公園から諏訪岳(323m)を経て佐野市の唐沢山(249m)に至る山岳丘陵地帯であり、全長約8kmに及ぶ。途中の尾根を結ぶ縦走路はアップダウンに富み、全山を通して多くのアカマツ、スギ、ツツジ、サクラ、ヒサカキなどに覆われている。中心となる唐沢山は約1千年前の藤原秀郷公の山城跡で、その後、同公を祀る唐沢山神社となっている。

　神社からは浅間山、八ヶ岳、男体山、筑波山、富士山などの遠望に加え、関東平野が一望出来る。

唐沢山県立自然公園

栃木県

38. 唐沢山神社付近の諏訪岳からの縦走路(右)。左は栃本公園に至る

天気：晴れ　気温：最高37.4, 最低25.7

　今回は京路戸公園から京路戸峠、諏訪岳を経て、唐沢山へ縦走してみることにした(**写真38**)。このコースはアップダウンが多く、しかも、猛暑とあってバテバテの歩きとなった。途中、佐野市在住の数人のハイカーに出会った。中にはいつも登っているという90才のおじいさんがいて、杖をついてゆっくり、ゆっくり歩を進めていた。尾根は大部分がヒサカキの自生する薄暗い道が続く。

　真夏のためか虫の数は大分少ないように感じられた。唐沢山神社付近では時々チョウが飛んでいて、その主なものは、アカボシゴマダラ、キアゲハ、クロアゲハ、コミスジ、ムラサキシジミ、ヤマトシジミ、ヒメウラナミジャノメ、コジャノメ、クロヒカゲなど。

　甲虫類ではクロタマムシ、ヒラタコメツキ、ナガゴマフカミキリ、アカハナカミキリ、タバゲササラゾウムシ、クリイロクチブトゾウムシ、ヒレルホソクチゾウムシ、コルリチョッキリ、マツクチブトキクイゾウムシ、トウキョウヒメハンミョウなど。

39.クロタマムシ
松類などの枯木につく(スケールは7mm)

　この中のクロタマムシ(**写真39**)はコンクリート製の参道上に静止していたもので、久し振りの再会である。本種は体長20mmほどで銅色。マツ類、モミ類、エゾマツ類の枯れ材につく。20〜30年前の松食い虫防除のための薬剤散布

40. トウキョウヒメハンミョウ
30年ほど前までは西日本〜東京付近で見られたが、最近栃木県内でも広く見られるようになった（スケールは2.5mm）

の影響で、暫く殆ど見かけることはなかった。唐沢山でもアカマツの立枯れが発生し、この縦走路には多数のアカマツの伐倒木が見られる。

　上記に挙げた甲虫類の中でもう一種、特記すべき種が見られた。それはトウキョウヒメハンミョウ（**写真40**）である。体長は8〜10mm。体色は暗褐色地に白い斑紋と小さな青い点刻がある。国内分布は関東以西の本州と九州。関東では1978年以降に確認され、栃木県では1985年に筆者により宇都宮市内で初めて発見された。その後、栃木県内では住宅地や河川堤防、河畔林などで見られるようになっていた。しかし、今回標高200〜300mの山道上で多数の個体を確認した。競争者となる他のハンミョウ類の生息しない低山地帯へ生息地を拡大しつつあるものと考えられる。

　この他、この日、神社の参道上で腹部を野鳥などに食いちぎられたと思われるやや新鮮なヤマトタマムシ1匹を拾った。

唐沢山 2 2019.9.2

天気：曇り時々晴れ　気温：最高31.4, 最低21.9

　今回は佐野市栃本町の栃本公園（**写真41**）から林道を通って唐沢山

41.唐沢山麓の栃本公園
右手奥が唐沢山神社

神社へ向かう。歩き出して間もなく、公園の一角にある池にさしかかった。のぞき込んでみると、5〜6人の釣り人が糸を垂れている。ヘラブナでも釣っているのであろうか。池の水面にはギンヤンマやコシアキトンボらしい沢山のトンボが飛び回っている。通常なら早速トンボ採りに取りかかるところであるが、アミを振ったら釣り人に怒られるに違いないと思い諦めた。

　池の上部へ林道らしき道を登っていくと、「東京農工大学演習林、関係者以外立ち入り禁止」の看板。職員がいたら声を掛けようと思い、そのまま進入した。数棟の建物の間を通って行くと、前方路上にやや大型のチョウ1匹。アカボシゴマダラである。中国からの外来種で、最近栃木県内ではよく見かけるようになった。きれいなチョウでついアミに入れてしまったが、これまで数匹採ったことがあるので放してやることにした。

　東京農工大学といえば、私は十数年前まで農学部の連合大学院博士課程の教授を兼任していたので、この大学と全く無関係ではないと思い、無断侵入ながら大学の建物の間を通過して、唐沢山神社方面へと採集を続行。

　途中、林道沿いでは、カラスアゲハ、アゲハチョウ、キチョウ、コミスジ、イチモンジチョウ、ミドリヒョウモン、キマダラヒカゲの一種、ヒメウラナミジャノメ、ヒカゲチョウなどのチョウ類、サメハダツブノミハムシ、サシゲト

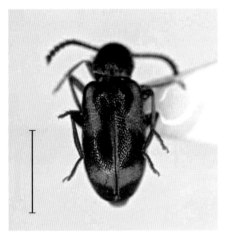

42.マダラニセクビボソムシ
林縁の草地で得た（スケールは1mm）

ビハムシ、ムネアカタマノミハムシ、フタイロセマルトビハムシなどのハムシ類、チビヒョウタンゾウムシ、アカクチホソクチゾウムシ、カナムグラトゲサルゾウムシなどのゾウムシ類、その他、マダラニセクビボソムシなどと出会ったが、9月に入り虫の種類、個体数ともぐんと少なくなったと感じた。これらの中で、やや注目すべき種として、マダラニセクビボソムシとフタイロセマルトビハムシを挙げておきたい。

　マダラニセクビボソムシ**（写真42）**は体長2mmほど。上翅は黄褐色で、黒褐色の縦及び横の斑紋がある。栃木県内では旧栗山村（日光市）、旧馬頭町（那珂川町）、塩谷町から少数の記録がある。生態等は不明。

　フタイロセマルトビハムシ**（写真43）**は体長2.5mmほど。前胸背板、頭部は赤褐色、上翅は黒色。食草はシラキ（トウダイグサ科）で、本州、四国、九州に分布。栃木県内では、これまでいずれも八溝山系の鎌倉山、鷲子山、花瓶山からのみ知ら

43.フタイロセマルトビハムシ
食草はシラキ（スケールは1mm）

れ、それ以外からの記録は今回が初めてである。

　唐沢山神社(**写真44**)に登り詰め参拝の後、元来た道をUターン。下りた栃本公園の片隅に小湿地を発見。近づいてみると紅紫色の草丈40cmほどのかわいい花を発見。ミソハギ(ミソハギ科)である。花にはオオチャバネセセリとダイミョウセセリ、ヒメキマダラセセリが訪れて吸蜜中である。

44.唐沢山頂の唐沢山神社

唐沢山 3　2020.5.17

天気：晴れ　気温：最高30.6, 最低15.2

　今回は前回(2019.9.2)と同じ栃本公園に車を置いて歩き始めた。公園内南側の樹林の縁を歩いていると、目の前の草上にサナエトンボ1匹が止まった。近寄るとすぐに飛び立って落ち着きが悪い。何度目かでようやく

アミを被せて捕獲した。ヤマサナエである。

　本種は、腹部と胸部は黒と薄黄緑色で、腹長は46mmほど。やや大型のサナエトンボである。日本特産種で、本州、四国、九州に分布。平地〜低山地の小川などで普通に見られる。羽化直後、いったん水辺を離れて丘陵地や林で過ごし、成熟後水辺に戻って交尾、産卵する。

　公園のすぐ上部に40〜50m四方の池があり、前回同様5,6名の釣り人が釣り竿を並べている。水面にトンボの姿が見られるので、側に行ってみると、ホソミオツネントンボとシオカラトンボかなと思った。

　この後、東京農工大学演習林の山に入り、林道を上った**(写真45)**。途中、2〜3人連れのハイカー、3〜4組とすれ違った。この道には、一応一般人の入構禁止の看板があるが、ここを登り下りするハイカーが少なくないようで、通行だけならと大目に見ているのであろう。すぐ近くに唐沢山神社へのアスファルトの車道があるが、こちらは車が行き来するので散歩者やハイカーには敬遠されているようである。

　今日は快晴で気温もうなぎ登り、佐野市では30.6℃まで上がった。山の方ではクロアゲハやカラスアゲハ、ツマグロヒョウモン、コミスジ、イチモンジチョウ、ムラサキシジミ、ダイミョウセセリなどが飛び交い、本格的な虫シーズンの到来である。

　山道の草木のスウィーピングでは、ハムシやゾウムシなどの甲虫類が多数見られ、ハムシ科ではトビサルハムシ（食草：クリ）、カタ

45.栃本公園〜唐沢山神社間の東京農工大学演習林の林道

46.ヒシカミキリ
クワ、モモなど各種の枯木につく（スケールは1mm）

クリハムシ（カタクリ）、フタホシオオノミハムシ（サルトリイバラ）、キバラルリクビボソハムシ（ツユクサ）、アトボシハムシ（アマチャヅル）、キバネマルノミハムシ（ネズミモチ）、マダラカサハラハムシ（カシ類）他。

ゾウムシ類ではヒゲナガホソクチゾウムシ、マメホソクチゾウムシ、コゲチャホソクチゾウムシ、ムネスジノミゾウムシ、ウスモンノミゾウムシ、ガロアノミゾウムシ、コブハナゾウムシ、ツンプトクチブトゾウムシなど。

この中のコブハナゾウムシは体長3mmほど。体色は暗褐色。背中が著しく盛り上がっており、更に数個のコブがある。食草はウワミズザクラ。栃木県内では宇都宮市、旧塩原町、旧岩舟町、旧西那須野町、旧藤原町、旧栗山村湯西川などから得られている。

その他では、ヘリグロリンゴカミキリ、ヒシカミキリ、アカガネチビタマムシ、カクムネベニボタルなどが見られた。この中の、ヒシカミキリ（**写真46**）は体長3.5mmほどで微小。体色は黒赤色で、背面に白い紋がある。ヤマグワ、サクラなどの枯れ木に集まる。後翅が無く飛ぶことが出来ない。栃木県内では野木町、茂木町、栃木市、益子町、真岡市などの低山地から得られている。

本日は天気が良いのと、新型コロナの感染拡大による小中高校の休校のためか、稜線上では諏訪岳方面からの小中学生のグループや家族連れ、中高年のグループなどのハイカー5〜6組に出会った。

唐沢山 4　　2021.8.20

天気：晴れ　気温：最高34.8, 最低22.6

　このところ、九州から関東にかけて居座っている前線の影響で、大雨やぐずついた天気が続いており、採集に出かけるのもままならない。

　また、ちまたでは昨年来の新型コロナウイルスの感染拡大が続いており、ちなみに8月20日の全国の感染者数は25,876人、東京都では5,405人、栃木県でも262人に上っている。これに対して政府では緊急事態宣言を13都府県に、またまん延防止等重点措置を16道県に発令し、対策に躍起となっている。感染の拡大が止まない首都圏では不要不急の外出をやめるよう指令を出している。これは人口の多い大都市の話であって、私のようにコロナの存在しないと思われる大自然の山の中に虫採りに行く者とは無関係と考え、本日久し振りにアミを担いで出かけてみることにした。

　本日は久し振りで県南の唐沢山に行って見ることにした。ただ、いつもの栃本公園から東京農工大学演習林内を通って山頂へのコースではなく、諏訪岳〜唐沢山間の縦走路の西側中腹を走る林道を歩いてみることにした。といってもこの林道は東京農工大学演習林内の研究用林道であり、部外者の侵入は禁止されているところである。

　歩き出すと、まずセミの声が耳に入ってきた。ミンミンゼミとツクツクボウシの鳴き声だ。この後、目の前に飛び出したアブラゼミ1匹を確認した。ツクツクボウシの声を聞くと、そろそろ秋の到来かなと感じ、やはり虫の種類も数も6〜7月頃よりかなり少なくなったと実感する。

　今日見かけたチョウ類はアオスジアゲハ、クロアゲハ、ウラギンシジミ、ダイミョウセセリ、ヒメキマダラセセリ、サトキマダラヒカゲ、ツマグロヒョ

47.アオスジアゲハ
日本海側は秋田県まで、太平洋側は岩手県まで分布を拡大。タブノキ、
クスノキにつく（前翅長スケールは20mm）

ウモンなど11種。

　このうちアオスジアゲハ（**写真47**）とは久し振りの対面である。本種は暖地性種で、国内では中部以南では少なくないが、関東より北ではあまり多くない。北限は日本海側では秋田県、太平洋側では岩手県とされる。栃木県内では東南部ではやや多く見られるが、北部では少ない。筆者はここ20年ほどで見かけたのは、足利市、栃木市、鹿沼市と今回のを合わせて4度目ぐらいである。足利市石尊山(496m)では山頂で縄張り行動をとる本種1匹を目撃した。食樹としてはクスノキ、タブノキ、シロダモなどのクスノキ科植物が知られている。

　その他甲虫類のゾウムシ科ではタバゲササラゾウムシ、ヒゲナガホソク

チゾウムシ、カナムグラトゲサルゾウムシ、ヤサイゾウムシなど。ハムシ類ではキベリクビボソハムシ、ムネアカタマノミハムシ、サシゲトビハムシ、ツヤキバネサルハムシなど。

　これらの中で珍客だな、と思ったのはヤサイゾウムシ(**写真48**)である。本種は大分前にはニンジンやトマト、アブラナ科野菜類の大害虫として知られていたが、最近では里山などの畑以外の場所でたまに見られる程度になった。体長は8mmほど。背面はこげ茶色で、白っぽい斜めの斑紋がある。ブラジル原産とされ世界各国に分布を拡大している。栃木県内では那須塩原市、塩谷町、宇都宮市、真岡市、栃木市、足利市などから記録されている。

　その他、ハチ類では片山栄助氏の同定により、アシキイロハバチ1♀が得られていることがわかった。本種は稀な種で、幼虫はタラの葉を食べるという。

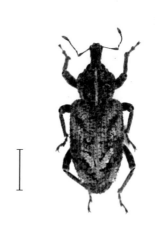

48.ヤサイゾウムシ
ブラジル原産。野菜の害虫（スケールは2.5mm）

唐沢山 5　　2022.6.13

天気：晴れ　気温：最高27.5, 最低13.1

　今日は関東が梅雨入りしてから8日目、久し振りの快晴に恵まれた。前日まで晴れたらどこに行こうかと迷っていたが、6月にまだ訪れたことの

49.薪に多数集ったキイロトラカミキリ　体長17mm

無い県南の唐沢山にしようと決めた。

　今日歩いたコースは前回(2021.8.20)と同じ唐沢山の西山麓である。当地は未舗装、幅3mほどの林道で、スギ、ヒノキの植林地が続く。

　歩きはじめて、まず目に入ったのはチョウ類で、この日出会ったのは全部で10種。このうち3頭以上見かけたのはスジグロシロチョウ、キチョウ、キタテハ、ウラギンシジミ、ヒメキマダラセセリ、コジャノメであった。

　この日、最も多く見かけたのは甲虫類ハムシ科のヒゲナガルリマルノミハムシ。体長4〜5mmで体色は青藍色。丸形でやや平べったい体型。食草はムラサキシキブ、オオバコとされているが、実際にはそれ以外の種々の草葉上でも見られる普通種。

　その他、本日見かけた主な種類を上げると、ハムシ類ではマダラアラゲサルハムシ(食草:カシ類)、キベリクビボソハムシ(ヤマノイモ)、キイロ

クビナガハムシ(ヤマノイモ、オニドコロ)、カタクリハムシ、キイロタマノミハムシ(センニンソウ)など。

　ゾウムシ類ではタバゲササラゾウムシ、カナムグラトゲサルゾウムシ、ウスモンノミゾウムシ、ヒサゴコフキゾウムシなど。コメツキムシ類ではクロツヤコメツキ、ホソハナコメツキ。

　カミキリムシ類ではラミーカミキリ、キイロトラカミキリ、ホソトラカミキリ、エグリトラカミキリなど。

　これらの中のキイロトラカミキリ(**写真49**)はやや大型のトラカミキリの仲間で、目立つ存在。体長は13〜21mmで、体の色は淡黄色で、上翅には数個の黒紋がある。低山地のコナラやクヌギなどの伐採木に集まることが多い。

　もう一種、特記すべきはラミーカミキリ(**写真50**)。本種は筆者にとって初めてお目にかかった種である。体長8〜7mm。体は黒色で、胸部と上翅には白青色の斑紋があり、大変美しい。国内では本州、四国、九州に分布し、食草はカラムシで幼虫はその根を食べるという。今回、カ

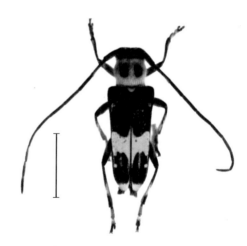

50.カラムシにつくラミーカミキリ
(スケールは3mm)

ラムシの葉上を活発に飛び回る5個体を目撃した。

　本種の栃木県内の記録は「とちぎの昆虫Ⅱ」(2003、栃木県自然環境基礎調査)によれば旧粟野町下粕尾の1カ所だけ。その後、県内で採れた

との便りを耳にしたので、カミキリムシに詳しい中山恒友氏にお聞きしたところ、旧岩舟町（渡辺、2004）と宇都宮市（栗原ら、2014）から記録されているとのことである。ご教示を賜った中山氏に厚くお礼申し上げる。

　その後、筆者（2022）により栃木県内の茂木町山内、宇都宮市古賀志山からも発見され、本種が栃木県内および北方への分布拡大が示唆された。

V 前日光県立自然公園

（栃木県鹿沼市）

本公園は旧足尾町の薬師岳、夕日岳、地蔵岳など標高1500m前後の山岳地帯からなる北部、なだらかな高原地帯が広がる鹿沼市の古峰ヶ原や横根山、井戸湿原などの南部、はしごや鎖のかかる岩場など急峻な山容の石裂山を中心とする東部など、日光連山の南部に広がる自然豊かな地域である。

●大田原

●日光

●宇都宮

●鹿沼

◆

前日光県立自然公園

●益子

●栃木

●足利

●小山

栃木県

53. 中央左寄り「三枚岩」。なんでこうなる？三枚の巨岩の重なり

古峰ヶ原 1 2021.6.21

天気：晴れ　鹿沼市の気温：最高26.8, 最低14.4

　今回は鹿沼市古峰ヶ原の高原と三枚石周辺を歩いた。ここに来るときは、いつもは麓の古峰神社に車を置き、高原までは舗装された県道58号線を歩いたが、今日は高原まで直接車で上ることにした。

　高原に着くと人も車もない静寂の中、周辺の森からはエゾハルゼミの鳴き声が聞こえ、湿原の周辺では多くのシオヤトンボが目に付いた。

　早速、高原の周辺を掬って見ると、体長2.5mmほどの橙色をした丸っこいヒロアシタマノミハムシ(写真51)がわんさと入った。食草はササ類で、その葉上には白いかすり状の食痕が無数に付いている。

　高原の中央部は周辺の山からしみ出た水が集まった湿地となっており、所々にシダ植物や禾本科植物が群落を形成している。何かいるにちがいないと掬って見ると、ススキなどにつく体長4.5mmほどで、体中にトゲの生えたハムシの仲間のクロルリトゲトゲが入った。

　また、湿地内を飛んでいる小型のトンボを採ってみると、サナエトンボの一種のモイワサナエ(写真52)であった。本種は腹長が30mmほど。日本特産種で北海道と長野、新潟、茨城ラインより北の本州に分布。丘陵地や山地の森林に囲まれた湿地や緩やかな渓流などに生息する。栃木県内では大

51.ヒロアシタマノミハムシ
ササの葉に白いすじ状の食痕を残す
（スケールは1mm）

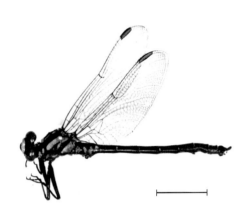

52.モイワサナエ
長野、新潟、茨城ラインより北の本州と北海道に生息
（腹長のスケールは10mm）

田原市、鹿沼市、那須塩原市からの記録があるほか、当古峰ヶ原からも1968年代の古い記録がある。

　この後、高原から標高差200m余り、1時間ほど登った「三枚石」に向かう。「三枚石」というのは、どうしたらそうなるのか摩訶不思議な三枚の巨石が重なった金剛山端峰寺の奥の院があるところである（前ページ写真53）。

　高原からの三枚石への途中は薄暗い広葉樹林内であるが、ほとんど虫の姿はなし。虫の季節にはまだ少し間があるのであろう。多少バテ気味ながら頑張って登っていくと、中間点近くの登山道で休んでいる40〜50代くらいの男性二人に出会った。「最近運動不足で、久し振りに山に来てみると、しんどくてバテた！」と。このコースを登るのは3度目くらいの私は「もう半分くらいまで来ていると思う。お先に」と別れた。私が三枚石に着いておにぎりを食べ終わっても、さっき出会った二人組がやってこない。どうしたんだろうと思いながら元来た道を戻った。しかし、二人の姿はない。高原に戻ったところで、確か二人のものと思われる車があったはずだが、見当たらない。帰ったか、他所へ向かったか？

　その他；本日出会った主な種を挙げてみると、チョウ類ではミヤマカラスアゲハ、クロアゲハ、アゲハチョウ、ミドリヒョウモン、ウラギンヒョウモン、コチャバネセセリ、クロヒカゲなど。

　甲虫類ではカタクリハムシ、チャイロサルハムシ、ミヤマヒラタハムシ、ナガナカグロヒメハムシ、シモフリコメツキ、フタオビノミハナカミキリ、ナ

54.ナシハナゾウムシ
幼虫はナシ、リンゴ類の蕾の中に寄生
（スケールは1mm）

シハナゾウムシ、ツノヒゲボソゾウムシ、コブヒゲボソゾウムシ、アカクビナガオトシブミ、チビケブカチョッキリなど。

　この中のナシハナゾウムシ**（写真54）**は湿原内のスウィーピングで得たもので、体長3mmほどで、体の色は赤っぽい黒褐色。国内分布は本州で、幼虫はナシ、リンゴなどの蕾の中で育つという。栃木県内では奥日光、那須塩原市、宇都宮市、茂木町などから少数が記録されている。

　また、ハチ類では片山栄助氏の同定により、珍しい種のハラアカチビコハナバチ1♀が得られていることがわかった。

古峰ヶ原 **2**　2021.7.31

天気：晴れ、曇り　鹿沼市の気温：最高32.5, 最低23.2

　関東では7月16日に梅雨明けして以来、午前は晴れ、午後は所により雷雨という予報で、うっかり山登りに出かけることが出来ずにいた。

　しゃばの状況はと云えば、7月23日から始まった2020東京オリンピック大会は、殆どの競技が無観客にもかかわらず連日熱戦が展開され、わが日本では柔道や水泳などでメダルラッシュが続いている。しかし、一方

昨年辺りから猛威を振るっている新型コロナウイルス感染が拡大しつつあり、この日東京では4千人、関東近県や大都市周辺ではこれまでになく感染が拡大し、全国の感染者数はこの日1万人を超えた。

筆者はこの日、雨の心配はあったが、昼までに引き上げることも覚悟の上で、比較的自宅（宇都宮）から近い鹿沼市の古峰ヶ原に行ってみることにした。途中、古峰ヶ原街道沿いに平行して流れる大芦川では、アユ釣りの人たちや、河原でキャンプをする子供達で賑わっている光景が見られた。

今回は古峰ヶ原神社に車を置き、行程の中ほどまでは草久足尾線県道58号を行き、その後、アスファルト道路と別れ、旧登山道を高原まで歩くことにした。

神社からの県道58号では土曜日とあって、サイクリングの人やマイカーがやや多目である。周辺の林からはジー、ゲーのセミの声が聞こえてくる。コエゾゼミとエゾハルゼミかなと思っていると、セミ1匹が飛んできて直ぐ近くの低木に止まった。ゲーと鳴いていたコエゾゼミ（写真55）である。本種は翅端まで50mm前後で、栃木県内では那須岳、旧日光沢、八溝山など千メートル前後の山地帯に生息する。

神社から2時間ほどかかって木が生い茂り、あちこちから出水があり、陽も当たらず荒れた様子の旧登山道を上り詰めて高原（写真56）に着いた。お昼になったので、入り口付近のあずまや（写真57）でおにぎりを食べていると、周りの草地では

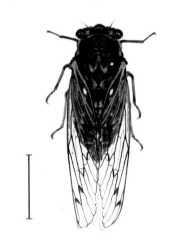

55.ゲーと低音で鳴くコエゾゼミ
（スケールは15mm）

ジャノメチョウ、ヒカゲチョウ、ミドリヒョウモン、ウラギンヒョウモンなど多数が飛び回っていて、時々あずまやの中にまで飛び込んできた。

56.古峰ヶ原高原　右上の建物は山小屋

　帰路は県道を車のある神社まで下っていく。道端には白花のノリウツギや薄紫色の花を付けたコアジサイが多数見られる。それらを掬いながら下りていく。花にはヨスジハナカミキリなどのハナカミキリの仲間が見られる。そんな中にドキッとする綺麗なコメツキムシの一種

57.古峰ヶ原高原入口のあずまや

が含まれていた。種名はメスアカキマダラコメツキ**(写真58)**である。

　本種は体長7.5mm。胸部は橙赤色、上翅には黄色の斑紋があり美しい。栃木県内では那須岳、那須塩原、奥日光などの山地帯の花上で見ら

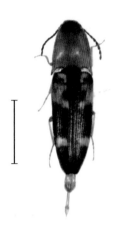

れるが多くない。

　その他、今回得られた主な種は
アカガネサルハムシ、リンゴコフキ
ハムシ、クロバヒゲナガハムシ、キク
ビアオハムシ、ヒゲナガウスバハム
シ、ゴマダラオトシブミ、ヒラタクロ
クシコメツキ、アカヘリナガカメムシ
など。

58. ノリウツギの花から見つけた
メスアカキマダラコメツキ
（スケールは3mm）

粕尾峠〜横根山 　2022.6.29（鹿沼市上粕尾）

天気：晴れ　気温：最高36.3, 最低22.

　今年は、このところものすごい暑さが続いている。関東の今年の梅雨入
りは6月6日とほぼ平年並みであったが、梅雨に入っても晴れの日と猛暑
が続き、なんと梅雨明けは6月27日となった。一体全体どうなっているの
でしょう。
　今回は鹿沼市の西部に位置する横根山を目指す。鹿沼市からは主要
地方道15号線を通り上粕尾に向かう。途中の粟野付近からは思川に
沿って長い長い道が続く。まず上粕尾の山ノ神から井戸湿原に向かおう
としたが、このルートは不通らしく、地元の方からは粕尾峠（写真59）か
らの回り道を教えていただいた。しかし、余りにも道のりが長いため、粕

59.粕尾峠
左へ行くと日光市足尾、右へ行くと横根山、古峰ヶ原方面

尾峠に車を置き、虫を採りながら行けるところまで行こうと決めた。

　粕尾峠からの道は主要地方道58号線で舗装された立派な山岳道路である。道の両側には杉林が多いが、道沿いにはコナラやハンノキ、ヤナギの一種、フジ、カエデなど種々の広葉樹が茂っていて、それらのスウィーピングである程度の収穫が得られたが、井戸湿原の入り口付近までで、時間切れとなり引き返した。

　今回得た獲物の内、オヤ！と思ったやや少ない種を2種ほど挙げてみると、

１）クロダンダラカッコウムシ**(写真60)**
甲虫目カッコウムシ科の仲間で、体長は6mm。体は黒色で、上翅には4つのやや不明瞭な毛斑がある。栃木県内では那須塩原市、那須烏山市、塩谷町、宇都宮市などから見つかっているが多くない。カッコウムシ類の幼虫の多くは朽ち木内に住み、食材性甲虫類の幼虫を捕食することが知ら

60.クロダンダラカッコウムシ
（スケールは2mm）

61.アカイネゾウモドキ
ヤナギ類につく（スケールは1.5mm, 口吻を除く）

れている。

２）アカイネゾウモドキ**(写真61)**
体長5mm。体の色は赤褐色。これまでの栃木県内の分布は鹿沼市（古峰ヶ原、井戸湿原）、高根沢町の他、上三依、湯西川など日光市からの記録が多い。今回の個体は道路脇の湿った草地のヤナギの一種より得た。

　その他、今回得られた主な種はシナノクロフカミキリ、キイロヒゲナガハムシ、キイロタマノミハムシ、ミドリトビハムシ、ホソヒゲナガキマワリ、コウゾチビタマムシ、クシヒゲベニボタルなどの甲虫類の他、セグロヒメツノカメムシ、ヒメツノカメムシ、クヌギカメムシ、アカアシクロカスミカメムシなどのカメムシ類であった。

　今回の粕尾峠からの採集行での虫以外の出会いとしては、まず、峠付近で5〜6人連れの大学生らしい若者と出会い、話かけられたこと。「思川の源流を探しているんだが、何か知っていることがあったら教えてほしい」と。「私は昆虫を研究している者で、川のことは全く無知で、答えようがないです」と。地図を見ると、確かに思川は上粕尾付近から始まっているな、という

ことはわかった。

　もう一つ、道沿いでの出会いは、親子4人連れのサイクリング部隊。登り一方のこの長い道をよく登ってきたなと感心した。暫くすると、上方から4人が戻ってきた。登りの苦しさを爆発させるように、新幹線よりも速く？一瞬で走り去った。ずっこけたら命がないかもと、心配になった。

＊前日光県立自然公園には、その他薬師岳、夕日岳、地蔵岳、横根山、石裂山などの森が含まれているが、これらの昆虫類については稲泉(2015)に記述がある。

Ⅵ 足利県立自然公園

（栃木県足利市）

本公園は、北は長石林道、名草巨石群から藤坂峠、馬打峠、行道山(441.7m)を経て、南は大岩山(417m)、両崖山(251m)、織姫神社へと続く「山なみの道」14kmの縦走路となっている。また、名草から佐野市飛駒方面に延びる長石林道がある。

本コース上の名草巨石群は花崗岩の風化を示す巨石群で国の天然記念物である。行道山浄因寺には寝釈迦石像がある。大岩山には日本三大毘沙門天の

一つ大岩毘沙門天がある。また、両崖山には足利城跡があるなど、稜線に沿って広がるハイキングコースには歴史と自然に恵まれた見所が多数点在している。

62.浄因寺〜馬打
峠間の山道

足利 1 行道山～馬打峠 2020.6.8

天気：晴れ　佐野市の気温：最高30.2, 最低17.9

　　今回は、足利市北部の行道山浄因寺から「山なみの道」(関東ふれあいの道)により名草巨石群方面に向かった。

　　浄因寺の入り口付近に車を置いて、名草方面へのハイキングコースの古びた看板のある林道を上り始める。初め車も通れそうな広い道を進む。20分ほどで道は細い登山道の形態。しかし、間もなく倒木やヤブに阻まれ、前進不能に。やむなく、振り出しに戻ったが、この道は現在廃道になっているものらしい。

　　更に、浄因寺の境内方に数百メートル進んだところに、再度、名草巨石群へのハイキングコースの道標が現れた。新しいルートらしい。しかし、真新しい道標の側に、「途中通行止め」の看板もある。ま、せっかく来たのだから、行けるところまで行ってみようと思い、しっかりした丸太の階段道を登り始めた。

　　この辺りの山ではスギの伐採が盛んに行われており、伐採跡のはげ山があちこちに見られる。登山道の周りでもやはりスギ林が多く、林床にはヒサカキやコナラ、サクラ、ムラサキシキブ、カエデ類などの低木が自生している。特にヒサカキは全山を覆うように多数茂っている。このような状態の登山道の周辺を掬っても、虫の姿は非常に少ないと感じた。

　　尾根に到着し、更に軽いアップダウンの続く道を北に向かう。名草まではまだかなりの距離があるため、時間を見て馬打峠付近(**前ページ写真62**)で引き返した。浄因寺に戻ると、3人ほどのおばちゃん達が休んでいる。地元の人達で、時々ハイキングに訪れているという。

　　「当方は宇都宮から虫採りに来たんだが、名草へのハイキングコースは

途中で通行止めで、虫採りの方も中途半端に終わりそう」と話すと、昨年秋の大雨でルートが崩れ、通行出来ないらしい、と。

　本日の虫の方の成果は、特にこれといったものは無いのであるが、チョウ類ではカラスアゲハ、クロアゲハなど黒っぽいアゲハチョウ類が多く見られた。その他には、アゲハチョウ、アカボシゴマダラ、コミスジ、ヒメキマダラセセリ、クロヒカゲ、コジャノメなどを見かけた。

　ハムシ類では、最近ヒメキバネサルハムシから独立種となったツヤキバネサルハムシ（食草：ハギ）、マダラアラゲサルハムシ、アトボシハムシ、ムナグロツヤハムシ、キアシノミハムシ（フジ）、アカタデハムシ（サクラ）、キバネマルノミハムシ（ネズミモチ）などに出会った。

　ゾウムシ類ではヒゲナガホソクチゾウムシ、ケブカホソクチゾウムシ、ガロアノミゾウムシ、ヒラセクモゾウムシなど。

　その他、イカリモンテントウダマシ、クロツヤクシコメツキ、セモンホソオオキノコムシ、ヌスビトハギチビタマムシ、ソンダースチビタマムシなど。セモンホソオオキノコムシ（**写真63**）は、体長3.5mmほどで、上翅の基部付近に1対の橙色紋がある。杉の木の切り株に生えた大型の白いキノコより得た。これまで、栃木県では日光市から1例の記録がある。

　登山道を歩いているとき、大きさ20mmほどで、丸っこくて赤紫色に輝いて美しいオオセンチコガネ（**写真64**）に出会った。本種は通常獣の糞などを食

63.セモンホソオオキノコムシ
樹木の切株に生えたエノキダケなどのキノコ類に集まる
（スケールは1mm）

64.オオセンチコガネ
ケモノの糞などを食べる。体長は20mm

べて生活しているが、その本当の素性を知ると、森の宝石のような美しさ
が色あせそうに感じられるかも。

足利 2 名草巨石群 2021.6.1

天気：晴れ　佐野市の気温：最高26.7, 最低14.8

　今回は標高400mほどの名草巨石群の周辺を歩いてみることにした。
20年ほど前に今日と同時期に歩いた時は、道端に沢山の植物が自生して
いたと記憶しているが、今回訪れてみるとスギの美林が続き薄暗く、その

下草にはシダ植物の一種が茂っていて、他の植物はほとんど見られない。これでは虫がいるのだろうかと心配になってきた。

　前回は御地の有名な巨石群なるものを見ていなかったので、まずそれを拝観しようと厳島神社への舗装道路を上がって行った。

　巨石群というのは古成層粘板岩を貫いてできた粗い節理を有する花崗岩で、節理に沿って風化し水に流されてしまい、核心部だけが巨石として残ったものだという（森谷、1980による）。国の天然記念物に指定されている**(写真65)**。

　巨石群近くの路上では陽当たりの良いところでヒメキマダラセセリと路肩のシダ植物のスウィーピングでアカクチホソクチゾウムシ、ツヤチビヒメゾウムシ、ツノヒゲボソゾウムシを見かけた。厳島神社の参道入り口付近まで戻ったところで、テングチョウとミスジチョウに出会った。

　神社から尾根方面へのアスファルトの道沿いでは、平行して流れる渓

65.巨石群の1つ、胎内くぐり

流近くでダビドサナエとクロサナエを見かけた。甲虫類ではコブヒゲボソゾウムシ、クロカタビロヒメゾウムシ、トガリカクムネトビハムシ、クロツヤクシコメツキ、ヒメベニボタル、コウゾチビタマムシなどを得た。

この中のクロカタビロヒメゾウムシは稲泉(2021)が宇都宮市古賀志山より得た個体により栃木県初記録種として報告したものである。その後の筆者及び宇都宮大学応用昆虫学教室に保存されている標本により、栃木市、佐野市、足利市からも得られていることが判明した。本

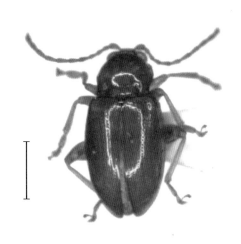

66.トガリカクムネトビハムシ
（スケールは1mm）

種の国内分布は東京以西の本州、四国、九州でフタリシズカにつくことが知られている。

なお、本種については本書の「古賀志山3」の項に関連記事と写真が掲載されている。

もう1種図鑑などにも載ってなくて、余り多くないトガリカクムネトビハムシ*Neocrepidodera acuminata*(Jacoby)(**写真66**)を挙げておきい。本種は体長3mmほど。体の色は光沢のある橙色。シダなどの自生する草地のスウィーピングで得た。いずれも滝沢春雄氏に同定していただいたもので、この他に本種を栃木県内では那須塩原市、高根沢町、益子町から記録している。

虫影の薄い本日のエモノの中でドキッとしたのは、たまたま通りかかった多少広葉樹の生えている陽だまりをのぞいたとき、梢に小型のチョウ

の影を見つけた。慎重に付近を眺めていると、緑色に輝くミドリシジミの一種の新鮮な♂である。帰宅後調べたところメスアカミドリシジミ (**写真67**)とわかった。

本種はほぼ全国的に分布し、栃木県内では日光、那須など県北西部の山地に偏在して見られる傾向があるようである。県南西部では佐野市付近などから少数の記録が知られているようである。食樹としては県内ではオオヤマザクラなどサクラ類が知られている。

お昼頃、神社入り口から釣り堀方面に歩いていると、下の方から70才くらいのおじいさんが駆け上がってきた。声を掛けると近隣の群馬県太田市から来られたとのこと。いつもこの近くの赤雪山や多高山など、付近の山をジョギングしているという。半ズボン姿なので、私が「ヤマビルにやられませんか」、と尋ねたところ、この辺にはヤマビルはいないという。その代わりイノシシは沢山いて、農家では畑の周りに鉄柵をはりめぐらしているという。私はこの日巨石群近くで足にヤマビルを付けてその分布を拡げるとされるニホンジカ1

67.メスアカミドリシジミ♂
（前翅長のスケールは13mm）

頭を目撃した。そのうちこの辺りにもヤマビルがはびこるかも知れない、と思った。

足利 3 長石林道

天気：晴れ　気温：最高35.3, 最低23.5

　今回は佐野市飛駒町の老越路峠から足利市松田町へ続く長石林道を歩いた。林道両側はほぼスギ、ヒノキの造林地である。出発点の峠から暫くは道の谷側には数十年を経たサクラの木が見られるが、等間隔に並んでいるところから、この林道が完成した頃に植えられたのかなと思われた。しかし、現在では周囲の樹木の生長に隠れ、目立たない存在のようである。

68.スギ、ヒノキの根元にシカの食害を防ぐための腰巻

道の両側の草地をスウィーピングしながら採集を続けていくと、植林木の根元から1～2mの高さにアミが張り巡らされているのに気がついた（**写真68**）。シカの食害から木を守るためのものであろう。また、道のあちこちにゴミの投棄が目立つ。所々にゴミ捨て禁止の立て看があるが効果はあまりないようである。虫に代わって私からも一言。「ゴミは山の自然を汚染し、虫や他の生物の生息に悪影響を与える。是非、ゴミの投棄は止めてほしい！ゴミは市町村のゴミ収集に任せてほし

69.ナガヒラタムシ
捕えるとアンテナを2本そろえて前方に
伸ばす(スケールは4mm)

い。また、この林道の管理者の方々には、今以上の投棄者の監視を願いたい」。

この林道は大変静かで、微かにニイニイゼミの鳴き声が聞こえてくる。本日この林道で出会ったのは足利方面からの乗用車1台とレース用自転車2台のみ。俗化が少なく珍しい虫が沢山見つかりそうな予感がする。

まず、本日この林道で見かけたチョウ類であるが、クロアゲハ、イチモンジチョウ、キチョウ、スジグロシロチョウ、ウラギンシジミの普通種に混じって、オヤっと思ったのはクロコノマチョウ1匹とオオミドリシジミ♀1匹に出会ったこと。

また、本日見かけた一番変わった虫を挙げると、ナガヒラタムシということになるだろうか。本種はナガヒラタムシ科に所属し、甲虫目昆虫の中で最も起源が古く、近縁種の多くが化石として発見されるという。

本種の触角は細長く、体長(11mm)とほぼ同長。本日本種を枯れ木から捕獲したとき、触角2本を揃えて真っ直ぐ前方に伸ばした姿が見られ驚いた**(写真69)**。外敵に出会った時などに、このような姿勢をとり、周囲の器物に擬態するのであろうか。本種の幼虫はマツやサクラなどの朽ち木に住むという。栃木県内では那須塩原市、日光市今市、さくら市、宇都宮市などから見つかっており、成虫は灯火にも飛来するが、めったに出くわすことは無いようである。

次に、本日歩いた林道はいろいろな種類の多いところで、最近県内では余り出会うことのないいくつかの珍しい種が見られたので紹介しておきたい。

ゾウムシ類ではキンケノミゾウムシ。体長は2.5mm。背面は黒色で、金毛が生える。国内では北海道、本州、九州に分布。栃木県内では那須塩原

70.クビアカトビムシ
食草はサンショウ、イヌザンショウ
（スケールは1mm）

市、佐野市、大田原市、日光市などから得られている。ゾウムシ類では、その他ミヤマヒシガタクモゾウムシ、ヒレルホソクチゾウムシ、アカクチホソクチゾウムシ、ウスモンノミゾウムシ、アラハダクチカクシゾウムシなどが得られた。

ハムシ類ではウスイロサルハムシとクビアカトビハムシは筆者がここ数十年出会えていない種である。ウスイロサルハムシは体長4mm。体色は褐色。スギ、ヒノキ、マツ、クヌギ、ナラなどにつく。栃木県内では栃木市、足利市、宇都宮市、那須町、那須塩原市から得られている。

クビアカトビハムシ(**写真70**)は体長2.5mm。体色は、上翅は黒色で頭胸部は褐色。食草としてはサンショウ、イヌザンショウが知られている。栃木県内では佐野市、足利市、栃木市、那珂川町、塩谷町から得られている。ハムシ類では、その他キアシヒゲナガアオハムシ、カシワツツハムシ、チビカサハラハムシなどが得られた。

コメツキムシ類ではクチボソコメツキが久し振りに見つかった。体長は4.5mm。体色は、上翅は銅色、頭部は黒色。栃木県内では日光市川俣、益子町雨巻山、那須塩原市、塩谷町からごく少数の記録がある。長石林道の採集では、いろいろな昆虫に出会え、手応えがあった。また季節を代えて訪れてみたいと思う。

＊足利県立自然公園内には、その他仙人ヶ岳、赤雪山、行道山、深高山、石尊山、両崖山などがあるが、これらの昆虫類については稲泉(2015)に記述がある。

VII 宇都宮県立自然公園

（栃木県宇都宮市）

　古賀志山(**写真71**)は宇都宮市の北西部に位置する標高582.8mの低山である。初級者向けのハイキングコースや上級者向けのロッククライミング、天空を舞うパラグライダー、サイクリングコースなどもあり、一年中多くの登山者で賑わっている。

71.宇都宮市古賀志町
県道宇都宮今市線より古賀志山の南面を望む

古賀志山 1　

天気：晴れ　気温：最高30.7, 最低19.6

　9月も中旬となり、まだ日中は30℃を超える日も若干見られるが、朝晩は20℃を割るようになってきた。

　今日は、古賀志山の南側中腹を西から東へ走る林道を歩いてみることにした。

　南登山口に着くと、周辺からツクツクボウシ、アブラゼミの他、ゲーというエゾゼミらしい鳴声が聞こえてくる。最初に目についたのはチョウ類で、クロアゲハ5〜6匹、アゲハチョウ十数匹、その他、モンシロチョウ、スジグロシロチョウ、キチョウ、コミスジ、ミドリヒョウモン、ツマグロヒョウモン、オオウラギンスジヒョウモン、ヤマトシジミ、ゴイシシジミ、ダイミョウセセリ、ヒカゲチョウの13種。

　まず、林道を西に向かって歩いていくと、突然、林が消えて広大な草地の斜面が現れた。この辺りにはパラグライダースクールがあると聞いていたので、それに違いない。遥か下の方では、初心者らしい数人が風が吹くたびに数メートル舞い上がり、着地を繰り返している。ふと頂上方面を見上げると、トンビらしい大型の鳥が数匹飛んでいる。よく見ると、その中に混じって赤や黄色、青色をしたパラグライダーが舞っている。トンビと同じ目線で地上を鳥瞰したらどんな風に見えているのであろうか。

　林道沿いを歩いていて秋を感ずるのは、やはり鳴く虫の声や姿が多いこと。道端をスウィーピングしてみると、ツユムシ、アシグロツユムシ、セスジツユムシ、ハヤシノウマオイ、ササキリ、カンタンなどが見られた。

　もう一つ秋を感じさせる昆虫類ではカメムシ類が多いかなと。一部を挙げてみると、エサキモンキツノカメムシ、チャバネアオカメムシ、ホシハラ

72.ミルンヤンマ
山間の林に囲まれた陰湿な渓流に生息(腹長のスケールは10mm)

ビロカメムシ、チャイロナガカメムシ、ムラサキナガカメムシ、ムラサキシラホシカメムシなど。

アスファルトの林道を歩いていると、不思議な光景に出会った。道路の幅は3〜4mであるが、その路面すれすれに1匹のやや大型のトンボが道を横切るように行ったり、来たりしているのだ。捕まえて見るとミルンヤンマ(**写真72**)ではないか。水溜まりのまったくない道路を小川と間違えて産卵行動中なのであろうか。それとも、単に蚊などの小昆虫の狩りをしていたのであろうか。本種は主に山間の森林に囲まれたやや陰湿な渓流に生息し、メスは水際の湿った倒木や朽ち木の柔らかい組織内に産卵することが知られている。

その他、トンボでは林の中でオオアオイトトンボ1匹を得た。周辺に沢山見られるアカトンボは数匹捕らえてみると、みなナツアカネであった。夏の間、高い山に上がっていたアキアカネの里帰りはもう少し先のようである。

また、林道に沿った草葉上のスウィーピングで、思いがけず珍虫、ヒメカマキリモドキ(**写真73, 74**)に出会った。体長24mm、前翅開張45mm。前脚はカマキリそっくりのカマ型。翅(はね)は透明で、脈の発達したトンボを思わせる。昆虫類の分類群では脈翅目、カマキリモドキ科に所属する。この科では、日本国内からは5種ほどが知られ、クモ類やハチ類の巣などに寄生して生活する。栃木県からは、これまで宇都宮や烏山

73.ヒメカマキリモドキの木株に止っている時のポーズ

74.ヒメカマキリモドキ
脚はカマキリ、翅はトンボに似るが、脈翅目に属し、
カゲロウに近い仲間（前翅長のスケールは8mm）

からヒメカマキリモド
キ、日光、那須からキ
カマキリモドキが記録
されている。

　通常の採集行で最
も多く見られる甲虫類
は、秋の訪れと共に個
体数も種類数も著しく
減少し、今回見られた
ものは、ゾウムシ類で
はウスモンオトシブミ、
タバゲササラゾウム
シ、ホソアナアキゾウ

ムシ、カオジロヒゲナガゾウムシ；ハムシ類ではサシゲトビハムシ（ヌルデ
より）、カシワツツハムシ（クヌギ）、セモンジンガサハムシ（サクラ）、アケ
ビタマノミハムシ、サメハダツブノミハムシ（アカメガシワ）、ルリナガスネ
トビハムシなどであった。

古賀志山 2 2020.5.25

天気：曇り時々晴れ　気温：最高26.8, 最低17.3

　今回は、初めて古賀志山の南面にあるゴルフ場の入り口からのコース
を、中腹の古賀志林道（**次ページ写真75**）へ向けて歩いてみようと思う。
　実は、昨年9月15日に南西麓にある城山西小学校口から古賀志林道を
経て、ゴルフ場に下る今日の逆コースを歩いたのであるが、この際、ゴルフ
場のすぐ手前で道の両側に伐採直後の100本近いアカマツやサクラなど
の丸太が積んであるのを見つけたのである。
　この時は、まだ切ったばかりの新鮮な丸太なので虫の気配は全くな
かった。しかし、来年5月以降のシーズンになれば、きっとカミキリムシや
タマムシ、ゴミムシダマシなどの枯れ木を好む虫たちが多数集まってい
るに違いないと予想し、その時から、本日の来訪に多大なる期待をよせ
て春の来るのを心待ちにしていた。
　ところが、歩き始めてみると丸太のあったはずの場所はもぬけの殻で、
1本の伐採木も見当たらないのである。体の力が抜けて、ただ呆然と立ち
すくむのみである。丸太は山から運び出されていたのである。せっかくの
宝の山は消え失せた！
　諦めて来た道をゴルフ場までもどり、そこから山頂に向かう別のルート

75.古賀志山の南面を走る古賀志林道の途中で見られる「猪落」の岸壁

を登ることにした。道ははじめ幅3mほどのアスファルト車道であったが、少し登ったところで車道は終了し、細い山道に変わった。しかし、この道は木製の階段や補強が施されていて、大変素晴らしい歩きやすい道である。いつもこの道を登る有志の人たちが手入れをしているのであろうか。

　歩き始めて間もなく70才くらいの男性1人が下ってきた。「こんにちは」と挨拶を交わした後、思いがけず、こんな言葉が返ってきた。「この山に今ムカシトンボはおるかね」。「50〜60年前にはいたけど、今はいないと思う」と返答した。ムカシトンボは、昔は細野ダム周辺の渓流で見られ、宇都宮市の天然記念物に指定されたが、1990年ころに絶滅したと考えられている。その原因は、生息地への赤川ダム湖の造成、アスファルト車道の建設、多くの人や車の来訪による環境の俗化が考えられよう。

　また少し登っていくと、道の周りにポツンポツンと数本の枯れた木が転がっている。何かおらんかね、と眺めてみると、大きさ20〜30mmもある大型のオオゾウムシを見つけた。また、別の木ではホタルカミキリ、アトジ

ロサビカミキリ、アトモンサビカミキリ(写真76)を見つけた。もし、ゴルフ場近くで見たような丸太があれば、今、見つけたような虫はわんさといたであろうにと、また悔しさが沸いてきた。

更に、直径40cmほどの赤松の切り株からは、昨年9月に発見した(本書の「古賀志山1」で記述)カマキリのような鎌を持ち、トンボのような翅をした変な珍虫、ヒメカマキリモドキ1匹を発見(写真73)。本種は木に止まっているときは翅(はね)を体側にそって屋根型に畳んでいる。このような畳み方から見て、やはりトンボではなくてカゲロウの仲間だな、と想わせた。

この後、更に登っていくと、60〜70代くらいの男性が降りてきた。お互い挨拶を交わし、通り過ぎようとすると、「虫をやっているんですか、さっき、きれいなカメムシの写真を撮ってきた」という。虫の特徴を聞いてみて、「アカスジキンカメムシではないですか」と伝えると、リックを下ろして写真を見せるという。確かにアカスジキンカメムシ(本書の「花立峠憩いの森公園」に写真がある)で、大変良く撮れている。

この虫は大きさ20mmくらいで、体色は金緑色で、赤い複雑な筋が走っている、大変にきれいな虫である。フ

76.アトモンサビカミキリ
広葉樹の枯木に多い(体長は8mm)

ジやミズキなどにつき、平地〜低山地にやや普通に見られる。撮影者の男性は虫の名前や生態などより、とにかく写真が良く撮れたことに満足しているようであった。このおっさんは時々山に登ったりして虫や鳥、花などの写真を撮り楽しんでいるという。

　今回は5月も下旬に入り、虫のシーズンもたけなわといったところで、特にハムシやゾウムシなどの甲虫類が多数見られた。主なハムシ類を挙げると、マダラアラゲサルハムシ（食草：カシ）、ムネアカキバネサルハムシ（ハギ）、キアシノミハムシ（ハギ、フジ）、ホソルリトビハムシ（アケビ）、ハラグロヒメハムシ（ボタンヅル）、ヒゲナガルリマルノミハムシ（ムラサキシキブ）、カタクリハムシ（カタクリ）など。

古賀志山 3　　2020.6.27

天気：曇り時々晴れ　気温：29.3, 最低20.3

　9時半頃、古賀志山赤川ダムに隣接したメイン登山口に着くと、駐車場は既に満杯、登山客で溢れている。このような光景は20〜30年前までは見られなかった。久々の梅雨の晴れ間、土曜日とも重なった。この山も、ついに宇都宮や栃木県の人たちだけの山ではなく、首都圏の山に出世したのであろうか。

　今回は登山者の多いメインルートから離れ、北部山麓を巻くように走る林道（写真77）に入ってみることにした。道の両側は杉林で、ほとんど陽が当たらず薄暗い。道に沿って水のきれいな渓流がある。昨夜来の雨で、アスファルトの車道も道端の草葉もびっしょり濡れている。時々、メイン登山口から溢れ出たような車が入り込んでくる。

77.古賀志山北部山麓の林道風景

早速、道の両側の草葉を掬って見ると、同じ種のハムシの一種が数匹入った。見覚えのあるクロバヒゲナガハムシ**(写真78)**である。体長は4mmほど。胸部は橙色、上翅は黒色。アミを振るたびに4～5匹入る。周辺の種々の草葉上でも多数見られる。これまで本種は、栃木県内各地から少数の個体を得ているが、今回のように一度に沢山見られることはなかった。なぜここにこんなに沢山いるのだろう?食草は何だろうと注意して見てみたが、いろいろな植物についていて判然としない。帰宅後、図鑑等を調べて

78.クロバヒゲナガハムシ
種々の植物上で見られた
(スケールは1mm)

79.ナカスジカレキゾウムシ
ヤマフジの枯枝につく（スケールは1mm）

みたが、食草の記載は無いようである。虫を長年やっていると、たまに珍しいと思っていた種が一度にわんさと見られることがある。

薄暗い林道を歩いていると、チョウの姿はほとんど見かけない。たまに木漏れ陽が指しているところではヒメキマダラセセリとスジグロシロチョウが忙しそうに飛び交っている。

この日見られた甲虫類ハムシ科ではキイロタマノミハムシ（食草：センニンソウ）、アケビタマノミハムシ（アケビ）が多数見られたほか、アトボシハムシ（アマチャヅル）、フタホシオオノミハムシ（サルトリイバラ）、ムネアカサルハムシ、ヒメカメノコハムシ（イノコズチ）、ヒゲナガルリマルノミハムシ（ムラサキシキブ、オオバコ）などを見かけた。最初に挙げた2種のタマノミハムシは2.5mmほどの大きさで、橙色をした丸っこい形。よく飛び跳ねる。両種ともよく似ていて紛らわしいが、付いている植物がわかれば区別はたやすい。

ゾウムシ類では、ヒゲナガオトシブミ、ホホジロアシナガゾウムシ、キイチゴトゲサルゾウムシなどの他、やや珍しい種であ

80.クロカタビロヒメゾウムシ
栃木県初記録。フタリシズカにつくことが知られている（スケールは1mm）

るナカスジカレキゾウムシ**(写真79)**1匹も得た。本種は大きさ3.5mmほど。体は灰褐色でヤマフジの枯れ枝につくことが知られている。

　その他、名前の判らないヒメゾウムシの一種を見つけ、同定中であったが、野津裕氏の同定により栃木県初記録のクロカタビロヒメゾウムシ *Omobaris chloranthae* Kojima & Yoshihara**(写真80)** とわかった。本種は体長3mmで黒色。Yoshihara(2016)によれば国内分布は東京、神奈川、山梨、岐阜、和歌山、愛媛、奄美大島で、フタリシズカから得られているという。

その他の甲虫類では、ヘリグロリンゴカミキリ、トゲヒゲトラカミキリ、クチブトコメツキ、トウキョウダナエテントウムシダマシなどが見られ、低山にしてはいろいろ面白い虫がいるなと感じた。

古賀志山 4　　2021.7.12

天気：午前晴れ　　気温：最高30.7, 最低20.1

　このところ、午前晴れ、午後雷雨という梅雨の天気が続いている。今日は午前中が晴れているのでもったいないと思い、古賀志山の北山麓を巻くように走る林道を歩いてみることにした。杉林の中を渓流と平行して走るアスファルト道である。時々車やサイクリング車が通るが余り人けの無い静かな森が続く。

　このところの雨続きで路上も下草もびっしより濡れている。この道は殆ど陽が指さないためチョウの姿はあまりなく、この日見たのはセセリチョウの一種と黒っぽいアゲハチョウ各1匹のみであった。

　本日、路上でもっとも多く目に付いたのはミヤマカワトンボ**(次ページ写**

81.ミヤマカワトンボ
（腹長60mm）

真81）である。数十匹は見たであろうか。一度にこんなに沢山出会ったのは初めてである。本種は腹長50〜60mm、翅長は40〜50mm余り。日本のカワトンボ類の最大種である。翅は赤褐色。全国に分布し、丘陵地や山地の渓流に生息。メスは通常水辺付近の植物組織内に産卵する。栃木県内では千メートル以下の山地や低山地でごく普通に見られる。また、本種は渓流沿いの薄暗い水辺を飛び回っていて、時々葉上に止まることはあるが、カメラを近づけると直ぐに飛び立ってなかなかシャッターチャンスが訪れない。漸く撮れたのがこの1枚である。

今日は午後から雷雨があるとい

82.ナナフシの一種の幼生
前脚は左側、頭の前に伸ばしている。体長は60mm

う予報なので、昼で採集を切り上げ帰路についたこともあり、エモノはごく少数に留まり、これといっためぼしいものはなさそうである。主な種を挙げてみると、

クロバヒゲナガハムシ、キクビアオハムシ(食草:サルナシ)、アトボシハムシ(アマチャズル)、ヒゲナガウスバハムシ、オオルリヒメハムシ、キイロタマノ

83.クシヒゲベニボタル
ホタルでも光らない(スケールは4mm)

ミハムシ、トゲハラヒラセクモゾウムシ、クチブトコメツキ、ヌスビトハギチビタマムシ、ヒメコブオトシブミ、クシヒゲベニボタル、ナナフシの一種(**写真82**)他。

　この中のクシヒゲベニボタル(**写真83**)は、栃木県内では西部の日光、塩原方面の山地帯、東部では益子、茂木他からやや多く得られている。成虫は植物の葉上や花上で見られる。幼虫は朽ち木の内部で生活する。ホタルの名があるが光ることは無い。

　山中を歩いていると私と同年くらいの男性二人と出会った。二人は別々に訪れていて今出会ったばかりという。一人は植物やキノコの写真を撮りに、他の一人はデッカイカメラを担いでいて、花や虫を採りに来ているという。お互いに元気で山を歩き、花や虫との出会いを楽しみましょうと、エールを交換した。

古賀志山 5 南側林道　2022.8.8

天気：晴れ　気温：最高34.6, 最低24.9

　　今回は古賀志山の南側中腹を東西に走る古賀志林道を歩いた。この山の南コースの駐車場には数組の小中学生を連れたグループが登山準備をしている。

　　歩き始めて間もなくゲーというセミの声。標高から見て多分エゾゼミであろう。また、登山道側の数本の杉の木の幹には地元の城山西小学校の生徒さん達の描いた「ゴミを捨てないで！」というポスターが散見される。

　　本日の初エモノはカラムシの葉上に見つけたラミーカミキリである（写真が本書の「唐沢山5」にあり）。今日はこの後2カ所で見かけ、カメラを向けたが直ぐに飛び立って消えた。そう言えば、筆者が今年栃木県内でラミーカミキリに出会ったのは本日で3度目である。あと2回は県南の唐沢山と東部の茂木町である。

　　インターネットを開いてみると、本種は幕末から明治にかけて中国あたりから侵入した外来種であるという。国内分布は関東以西で、九州で

84.シリアカハネナガウンカ
前翅が細くて長い。この虫の仲間ではキノコに集まる種やイネ、サトウキビの害虫となる種などがある（前翅のスケールは6mm）

は普通に見られ、関東でも八王子では全域で見られ、定着しているという。地球の温暖化にともなって、北上中と見られているらしい。

　栃木県内では鹿沼市(旧粟野町)で最初に発見され、その後、旧岩舟町、宇都宮市から見つかっていた。本種が温暖化により北上中であるとすると、今後栃木県内でも分布拡大が推定されるであろう。

　その他、本日出会った種としては、チョウ類ではカラスアゲハ、クロアゲハ、ムラサキシジミ、キチョウ、ヤマトシジミ、ヒメキマダラセセリ。スギ林の地面近くのヤブで、地を這うように低く飛ぶカラスアゲハを目撃。チョウもこの暑さで日陰を選んで活動しているのかなと思ったが、下草の中に食草のサンショウの稚樹を見つけたので、産卵中だったのかも知れない。

　本日の獲物の中で珍しい種かなと思ったのはハネナガウンカ科のシリアカハネナガウンカ**(写真84)**。体長は6mm。前翅は長く16mm。前翅の前縁は褐色。少ない種のようで栃木県内では那須塩原市、鹿沼市、茂木町、足利市から記録がある。レッドデータブックとちぎ(2018)では「情報不足」に指定されている。

　ゾウムシ類ではで久し振りだなと思ったのは、ホソアナアキゾウムシ**(写真85)**で、体長は6mm。体は黒色で白色粉で覆われ、一見鳥の糞のように見える。本種では体側面や翅端に橙色をした小さい丸いものが3〜4個付着している。これはダニが寄生しているのである。

　また、ゾウムシの仲間で、5,6匹網に入り多いなと思ったのはタバゲササラ

85.ホソアナアキゾウムシ
からだは白色粉でおおわれ、一見鳥の糞のよう。
体側や翅端に橙色のダニが寄生(スケールは2mm)

ゾウムシ。体長は3mm。上翅中央付近に黒い毛房がある。イヌビワにつくという。その他ゾウムシ類ではヒゲナガホソクチゾウムシ、アカクチホソクチゾウムシが得られた。

　ハムシ類ではクビアカトビハムシ（食草：サンショウ）、アカクビナガハムシ（サルトリイバラ）、キイロタマノミハムシ（センニンソウ）、キバラヒメハムシ（コナラ）、マダラアラゲサルハムシ（カシ類）、ヒゲナガアラハダトビハムシ（ヘクソカズラ）など。

　コメツキムシ、タマムシ類ではコハナコメツキ、キバネクチボソコメツキ、クズノチビタマムシ、ヒラタチビタマムシ、アカガネチビタマムシなど。

古賀志山 6 北側林道　　2022.8.16

天気：晴れ　気温：最高36.1, 最低24.7

86.マルモンササラゾウムシ
栃木県内の記録はごく少数
（スケールは1mm, 口吻を除く）

前回(8月8日、2022)は古賀志山南面の中腹を走る古賀志林道を歩いたが、今回は北側の山麓を走る林道沿いを歩いた。南側ではところどころ陽の指す所もあったが、北側の林道では両側がスギ、ヒノキ林で殆ど陽の指す場所はない。

　そのせいか、本日林道沿いで見かけたチョウ類は

オナガアゲハ、クロアゲハ、クロヒカゲ、キマダラヒカゲの一種。出発点付近の陽の当たる所では他にウラギンシジミ、ヤマトシジミ、イチモンジセセリを目撃した。

今回、頻繁に姿を見かけた種はいずれも渓流沿いのオオバアサガラのキクビアオハムシとコアカソ葉上のヒメコブオトシブミであった。

87.セマルトビハムシ
ワラビなどのシダ類につく（スケールは1mm）

また、林道沿いの草葉や低木のスウィーピングでは、これはと思わせる甲虫2種が得られた。一つは、マルモンササラゾウムシ（写真86）で、確か筆者がこれまで出会ったのは1, 2度か。栃木県内でのこれまでの記録は塩谷町、旧上河内町、旧田沼町の3カ所だけと思われる珍品である。

本種は体長2.5mm, 体は黒色で、上翅の真ん中に白毛で囲まれた1個の大きな黒い紋がある。国内分布は本州、四国、九州で、食草や生態などは知られていないようである。ゾウムシ類では、その他タバゲササラゾウムシ、チビヒョウタンゾウムシが得られた。

もう一種はセマルトビハムシ（写真87）で、体長は2.5mm, 体の色は濃藍色。国内分布は本州、四国、九州。栃木県内では鹿沼市、旧葛生町、旧田沼町、足利市から得られているが少ない。食草はワラビなどのシダ類。ハムシ類では、その他アカタデハムシ、キイロタマノミハムシなどが得られた。

ミンミンゼミやアブラゼミ、ツクツクボウシなどの鳴声を耳にしながら渓流沿いを歩いていると、突然、頭の上に大型の甲虫が飛び出した。近く

の木に止まったところを捕まえて見ると、なんとキボシカミキリ**(写真88)**ではないか。体長23mm。平地でクワやイチジクの害虫として知られている種である。なぜ、こんな山奥で見られるのか不思議に思ったが、見かけた場所の標高がせいぜい200mほどなので、鳥が種を運んできて自生したクワなどで細々と生命を繋いでいるのかな、と推察した。

88.キボシカミキリ
平地のクワやイチヂクにつくが、なぜか本個体は山にいた！
（スケールは8mm）

今回の山行では、下界では35℃前後の猛暑が続いているが、8月も中旬を過ぎ、6, 7月より虫の数、種類ともグンと少なくなったなーと感じた。

また、本日当所でマルモンササラゾウムシのような珍しい種が得られたことや、8月に白い花を付けるレンゲショウマが自生していることなどから見て、当地には手つかずの良好な自然が残されているのではないかと感じた。願わくば、林道への一般車両の進入を制限するなど、自然を守る対策を講じてほしいな、と思った。

＊宇都宮県立自然公園には、その他、鞍掛山、多気山の森が含まれているが、これらの昆虫類については稲泉(2015)に記述がある。

VIII 那珂川県立自然公園

（栃木県　那須烏山市、茂木町、市貝町）

　当地は栃木県の東部に位置し、那須烏山市、茂木町、市貝町にまたがる山間を縫って流れる那珂川を中心とするエリアで、ヤナも多く釣り人のメッカでもある。

　この公園で最も自然の多い那須烏山市大木須のオオムラサキ公園、小木須の花立峠憩いの森公園、茂木町の鎌倉山、両市町境の松倉山、市貝町の多田羅沼、伊許山を訪れた。

那珂川県立自然公園

●大田原

●日光

●宇都宮　●市貝　●那須烏山
　　　　　　　　　●茂木

●益子

●足利　●栃木
　　　　●小山　　栃木県

89. 松倉山登山口　左・林道、右・参道

松倉山 1　（那須烏山市）2021.5.12

天気：晴れ　気温：最高20.3, 最低6.4

　　今回は栃木県東部、茨城県境に近い松倉山(標高345.4m)にやって来た。登山口に近い大木須小学校跡地に車を止めさせてもらい、出かけようとすると、目の前を1匹のトンボが横切り、すぐ側のサクラの木の葉に止まった。慎重に本日初エモノを網に入れてみるとダビドサナエであった。この後、麓の小さな池でシオヤトンボとクロスジギンヤンマを見かけた。付近の水田では田植えも真っ盛りで、いよいよトンボの季節到来である。さて、今日はどんな昆虫が見られるのであろうか。

　　最近舗装されたと思われる林道**(前ページ写真89)**を上り始めると、春のチョウの代表格ウスバシロチョウが緩やかに舞っている。この日、登るにつれて出会ったチョウ類はクロアゲハ、モンキアゲハ、ルリタテハ、ムラサキシジミなど11種。もっとも多く見られたのはコミスジであった。

　　その他、本日出会った主な種を挙げてみると、カミキリムシ類ではドウボソカミキリ、キバネニセハムシハナカミキリ；コメッキムシ類ではヘリムネマメコメツ

90.ドウボソカミキリ
♂のアンテナは体長の3倍もある(スケールは3mm)

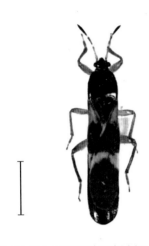

91.タケやササの茎の中で生活するコガシラコバネ
ナガカメムシ
（スケールは2.5mm）

キ、ヨツボシコメツキ、ヒメク
ロコメツキ近似種；ゾウムシ
類ではトゲハラヒラセクモゾウ
ムシ、ヌルデケシツブチョッキ
リ、ツヤチビヒメゾウムシ、リ
ンゴヒゲボソゾウムシ；ハムシ
類ではアカバネタマノミハム
シ、ヒメアオタマノミハムシ、
ナガトビハムシ、ヒメキベリト
ゲトゲ；カメムシ類ではムラサ
キシラホシカメムシ、コガシラ
コバネナガカメムシ；アブ類
ではネグロクサアブなど。

　上記のうち、

　1）ドウボソカミキリ**（写真90）**は体長9mm。体色茶褐色。本日得た個
体はオスでアンテナは体長の約3倍の25mm。国内分布は本州、四国、九
州、対馬で栃木県内では足利市、栃木市、日光市、鹿沼市などからポツポ
ツ見つかっているが、あまり多くない。ヤマアジサイやゴトウズルの花に集
まるとされる。

　2）アカバネタマノミハムシは体長3.5mm。背面は大部分が黒色であ
るが、末端は赤褐色。国内分布は本州、四国、九州。栃木県内では大田原
市、茂木町、益子町などの八溝山系の地域のみから記録され、県西部から
は見つかっていない。食草はサルトリイバラ、タチシオデ、ウバユリなど。

　3）コガシラコバネナガカメムシ**（写真91）**は細長い体型で、体長
8mm。体色は黒褐色で、上翅と中央に黄色帯がある。本州、中国、ベトナ
ムに分布。栃木県内では宇都宮市、栃木市などから記録され、竹や笹の
茎の中で生活する特異な生態をもつ。

松倉山では筆者により新種のハムシ科甲虫が得られており、その一部については稲泉(2015)『山登りで出会った昆虫たち、とちぎの山102山』において記述したが、その後、滝沢春雄博士により日本甲虫学会誌に詳細が記載されたので、若干の補足を行っておきたい。

　1997年7月30日にこの山で得たタマノミハムシの一種は新種であることがわかり、滝沢春雄博士(2015)により和名と学名に筆者の名前を入れ、イナイズミタマノミハムシ、*Sphaeroderma inaizumii*Takizawaとして学会誌に発表された(*Elytra,Tokyo*,New Series,5(1):233-250,May25,2015)。

　本種はほぼ円形で背面は強く盛り上がる。体長は2.5〜3.2mm。上翅は黒色。その後、筆者は近隣の茂木町鎌倉山で、本種1個体を再記録した。本種の写真を本書の「鎌倉山1」に掲載した。

　これまで判明した本種の産地は栃木県の他、高尾山、奥多摩、箱根、富士吉田市など。食草はアケビの一種と思われるとのことである。

松倉山 2 東南麓 （茂木町山内）2022.6.18

天気：晴れ　気温：最高27.7, 最低16.5

　今日は那須烏山市大木須から県道12号線を僅かに茨城県側に入った茂木町山内の松倉山東南麓を歩いた。

　スギ林の林縁や谷地のような水田や湿地の周辺を歩いているとき、民家の庭先に積まれた広葉樹の薪(**写真92**)を見つけた。これはまたとないチャンスと近寄って見ると、期待したとおり多数のカミキリムシやハチなどが飛び回っている。最も多いのはキイロトラカミキリとホタルカミキリ。少数のエグリトラカミキリ、ホソトラカミキリの姿も。

92.カミキリムシなど沢山の虫が集まる宝の薪場

この中のキイロトラカミキリは体長16mm, 体表面は淡黄色で、上翅には

数個の黒紋がある。
よくコナラやクリの
伐倒木に集まるが、
一度に数十匹も見
たのは初めてであ
る（成虫の写真が
本書の「唐沢山5」
にあり）。
次に多かったのは
ホタルカミキリ（写
真93)。体長8mm
ほど。上翅は濃青
色で前胸背は赤

93.伐倒木に集まるホタルカミキリ
体長は8mm

94.ムツバセイボウ
狩人蜂などの巣に寄生する(スケールは3.5mm)

色。各種伐倒木に多く集まる。

　今回のマキでは、カミキリムシの他数個体のアカアシヒゲナガゾウムシとキマダラヒゲナガゾウムシが見られた。また、飛び回っているヒメバチの仲間に混じって緑青色をした宝石のようなセイボウの仲間1匹を見つけた。このハチは片山栄助氏の同定によりムツバセイボウ**(写真94)**であることがわかった。栃木県内では日光市湯西川、塩谷町から記録されている。このハチの仲間は狩人蜂などの巣に寄生し、その幼虫を捕食して生育するという。

　カミキリムシといえば、林縁でカラムシの葉上に止まっているラミーカミキリ1匹を見つけた。本種は1週間ほど前の6月13日に、筆者にとって初めて栃本県南の唐沢山で5匹を発見したばかりである。栃本県内での採集記録はこれまで僅か数カ所と少ないはずなのに、どういうことなのだろうか。分布域が急速に広がっているのであろうか。

本日見かけたその他の昆虫類を見ると、チョウ類では全部で17種。大体普通種ばかりであるが、少しだけオヤと思ったのは路上に止まっていたテングチョウ2個体である。

　ゾウムシ類では余り多く見ら

95.山菜で知られるジュンサイにつくジュンサイハムシ
(スケールは1.5mm)

れないミヤマハナゾウムシ、アザミホソクチゾウムシ、チビアナアキゾウムシ、クワヒメゾウムシなどが見られ、良好な自然が残っているなと感じた。ハムシ類ではコナラなどにつくキバラヒメハムシが多く見られ、アザミでは低山地には少ないアカイロマルノミハムシ数個体を見かけた。その他、意外なハムシ1種が採れた。それは、谷地の湿地でアミに入ったジュンサイハムシ**(写真95)**である。

　本種は体長5mmほどで、体の色は灰色。食草はジュンサイの他、ヒシ、シロネなど。栃木県内の既知産地は那珂川町、さくら市、栃木市などで少ない。ジュンサイといえば、昔から高級日本料理で、酢の物やお吸い物として珍重されてきた。

松倉山 3 東南麓 （茂木町山内）2022.8.1

天気：晴れ　気温：最高35.5, 最低24.2

　今回は真夏にはどんな昆虫が見られるのだろうかと思い、前回(2022.6.18)と同じ茂木町山内の松倉山東南山麓を歩いてみた。

　このところ全国的に猛暑が続いており、本日来訪した那須烏山市の気温も最高35.5℃まで上がった。ちなみに、この日の栃木県内の主な地域の最高気温を上げてみると、宇都宮36.5, 小山36.9, 佐野37.7, 真岡36.2, 鹿沼35.6, 今市33.3, 奥日光27.5, 大田原37.0, 那須30.4℃となっている。

　現地に入って直ぐ目に入ったのは、やはりチョウ類。今日出会ったのはクロアゲハ2, モンキアゲハ1, キチョウ3, スジグロシロチョウ2, コミスジ2, ウラギンシジミ3, ツバメシジミ4, ヤマトシジミ3, ルリシジミ3, ヒカゲ

チョウ2、ヒメウラナミジャノメ4など全部で11種。ジャノメチョウ類やタテハチョウ類が少ないように思う。

前回(2022.6.18)、通りすがりの民家の庭先にあった薪が健在のようなので、立ち寄ってみた。前回はキイロトラカミキリやホタルカミキリなどがわんさと見られたが、今回は異様に静かで虫の姿が目に入らない。暫く薪の周囲を伺っていると、大型のカミキリムシが飛び込んできた。ノコギリカミキリの一種である。本種の仲間にはニセノコギリカミキリと2種が知られているが、本日の個体がいずれかは同定中である。

更に驚いたことに、目の前にこがね色に輝くヤマトタマムシ(**写真96**)1匹が飛来した。本種にはめったに出くわさないが、筆者はこのところ3年に1回程度出会う幸運に恵まれている。

この薪では他にホタルカミキリと広葉樹の枯れ枝などでよく見かけるヒメヒゲナガカミキリ各1匹にも出会った。

その他、本日林縁などの草葉のスウィーピングで得た主な種類は、ゾウムシ類ではヒゲナガホソクチゾウムシ、アカクチホソクチゾウムシなど。両種とも低山地で見かけることが多い。ヒゲナガホソクチゾウムシ(**写真97**)はフジの蕾につくことが知られているが、ホソクチゾウムシ類は体長が2mm前後で、種々の植物につくが、生態などは余り知られていない。

その他見かけた真夏の虫は、ハムシ類ではツマキタマノミハ

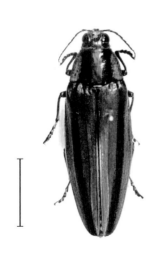

96.美しい虫の代表、ヤマトタマムシ
エノキやケヤキ、サクラなどの枯木につく
(スケールは13mm)

ムシ（食草はススキ）、キベリク
ビボソハムシ（ヤマノイモ）など。
カメムシ類ではエサキツノカメ
ムシ、ムラサキシラホシカメムシ
など。

　ハチ類ではやや少ない次の2
種が得られた。いずれも片山栄
助氏の同定によるものである。

　一つはフタホシアリバチ♀
（写真98）。体長は5mm。胸部
は赤色。腹部背面に1対の白色
毛斑と腹部末端付近に白色毛

97.ヒゲナガホソクチゾウムシ
フジの蕾につく
（スケールは1mm, 口吻は除く）

帯がある。このハチでは♂は有翅であるが、♀は無翅で、♂は交尾のまま
♀を遠方まで運ぶという。また、このハチの仲間はカリバチ類やハナバチ
類、有剣ハチ目の幼虫と蛹に外部寄生するという。栃木県内では、宇都宮
市、栃木市、大田原市から少数
の記録がある。

　もう一つはシリアゲコバチ。
体長11mm。体は黒色で、腹部
背面に2本の黄色斑紋がある。
ハキリバチ類やツツハナバチな
どに寄生する。♀は長い産卵管
を持ち、寄主の繭の中に産卵す
る。和名は♀が産卵管を背中に
背負うところに由来する。栃木
県内では日光市、宇都宮市から
得られているが少ない。

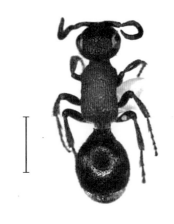

98.フタホシアリバチ
カリバチやツツハナバチなどの幼虫、蛹に寄生
（スケールは1.5mm）

本日は今夏一番の暑さのようで、このまま採集を続けるのは熱中症で危ないかも知れないと思い、お昼過ぎに本日の採集を終了することにした。

オオムラサキ公園　<small>（那須烏山市大木須）</small>

天気：雨　気温は未調査　　　　　　　　　　　　　　　　2021.7.2

　栃木県の道路地図で那須烏山付近を眺めていたら、「オオムラサキ公園」という文字が目に止まった。これは一体何だろう。尋ねていって確かめてみなくてはと思った。

　まず、所在を確かめようと那須烏山市の観光課に問い合わせたとこ

99.那須烏山市大木須のオオムラサキ公園　後方の森に放蝶される

ろ、同市大木須地区の一般社団法人・里山大木須を愛する会(代表理事渡邊眞)が運営主体で、20数年前から地域の住民達(97戸)とオオムラサキの食樹の栽植、幼虫の飼育、放蝶会などを通じてオオムラサキの保護活動を行っているということがわかった。

100.オオムラサキ飼育舎と放蝶現場

そして、2021年7月2日、放蝶会を行うというお知らせが会の事務局長の大貫いさ子様より届いた。

当日、あいにくの雨であったが、放蝶には差し支えないということで会場の大木須小学校跡地のオオムラサキ公園(写真99)に参上した。

101.飛び立とうとしているオオムラサキ

会場には近くの境小学校の児童10名ほどが集合していて、会の代表の方からオオムラサキの生態などについてお話をお聞きしたり、オオムラサキ成虫のスケッチをしたりした後、直ぐ裏手の林に行き、羽化したばか

りの成虫20匹ほどが小学生達の手により飼育カゴから一斉に放蝶された(**写真前ページ100, 前ページ101, 102**)。

［会のオオムラサキについての主な活動内容］（配布資料による）

102.大空に向かって飛んでいけ！

・地区内の食樹のエノキ、吸汁植物のコナラ、クヌギの所在マップ作り
・公園内へのエノキ、クヌギ苗木の栽植
・2月、地区内のエノキ根元より落ち葉裏で越冬中の幼虫を採取
・飼育舎および公園のエノキの根元に幼虫を放す(6月上旬エノキ葉で蛹化、6月下旬より羽化)
・7月羽化した成虫の放蝶、放蝶会の開催

　以上、那須烏山市大木須地区の国蝶オオムラサキの保護活動について概要を紹介させていただいた。
　願わくば、この活動が次世代に引き継がれて、チョウの舞う里山の自然環境がいつまでも残されていくよう期待したい。
　なお、本会では最近ホタルの保護にも活動範囲を拡げる一方、地区内の宿泊可能な古民家を利用し、県外の自然愛好家達との交流も行っている。
　今回お世話になった大貫いさ子様に厚くお礼申し上げる。

花立峠憩いの森公園 （那須烏山市小木須）

天気：晴れ　気温：最高27.8, 最低11.7　　　　　　　　　2020.5.30

103.花立峠憩いの森公園より那須烏山市市街地方面の遠望

　当公園は標高270mほどのこじんまりした低山地で北西には那須烏山市の街並み**(写真103)**、西側には近くに那珂川の清流が眺められ、北部は八溝山地に繋がっている。当公園は4月下旬から5月中旬にかけて山の斜面一帯が朱色に染まるほどのヤマツツジの名所として知られている。今回は5月下旬とあって花は終了し、訪れる人の影もまばらである。

　公園の入り口には駐車場、休憩所、トイレ**(次ページ写真104)**などが完備されている。早速ヤマツツジの茂る斜面を登っていくと、大変に良い天気であることもあって、チョウ類の飛び交う姿が多く目に入った。カラスアゲハ、クロアゲハに混じってモンキアゲハも猛烈なスピードで頭上を通

104.那須烏山市・花立峠憩いの森公園入口付近

過した。その他、コミスジ、クモガタヒョウモン、ミドリヒョウモン、アカボシゴマダラ、サトキマダラヒカゲなど春のチョウが一杯である。

この中のモンキアゲハに的を絞って、近づいてきたところをエイ！とアミを振ったらマグレで入りました。これまで、1,2回しか採ったことのないチョウである。飛んでいるとき後翅にある白い紋がよく目立ち美しい。

モンキアゲハ**(写真105)**は暖地性のチョウで、栃木県内では1970年代以降、生息が確認されるようになった。5〜6月と7〜9月の年2回発生。栃木県内の食草としてはズミ、ミカン、キハダ、カラスザンショウなどが知られている。

公園内の遊歩道を歩いていると、目の前から飛び立った1匹の甲虫が目に止まった。久し振りに出会ったニワハンミョウである。本種は体長16mmほど、体色は暗銅色。低山地の路傍で見られるが、同じ仲間のハンミョウと共に山道等

105.モンキアゲハ
関東以西に分布する暖地性種。幼虫の食草はミカン類
（前翅長のスケールは20mm）

106

の舗装や車の往来により急激に個体数が減少している。

　公園内の草本や樹木にどんな昆虫が多く付いているかスウィーピングしてみると、もっとも多いのはハムシ科、次いでゾウムシ類、コメツキムシ科の順であった。

　ハムシ科の主な種としては、チャバネツヤハムシ（食草：ガガイモ）、キバネマルノミハムシ（ネズミモチ）、リンゴコフキハムシ（クリ）、マダラアラゲサルハムシ、ヒメアオタマノミハムシ（ボタンヅル）、ガガズミトビハムシ（ガマズミ）、アトボシハムシ（アマチャズル）、クワハムシ（ヤマノイモ、コウゾ）など。

　ゾウムシ類ではヒゲナガオトシブミ、トホシオサゾウムシ、トゲハラヒラセクモゾウムシ、ヒゲナガホソクチゾウムシ、ムネスジノミゾウムシ、レロフシギゾウムシなど。

　コメツキムシ科ではヒゲナガコメツキ、キバネホソコメツキ、ヒラタクシコメツキ、コガタクシコメツキ、クロクシコメツキ、ヒラタクロクシコメツキ

106.アカスジキンカメムシ
一見、美しい虫に見えるが、手で触れると異臭を放すため、きらわれる虫でもある。体長は18mm

など。

　コメツキムシの仲間は体が細長く、黒っぽい地味な種が多いため、名前を調べるのが大変難しい。コメツキムシの幼虫は多くの種では土中に住み、植物の根を食べているが、一部の種では朽ち木の内部に住み、小昆虫などを捕食するものもいる。コメツキムシでは1世代に数年を要する種が多い。

　また、草地を掬ってみると綺麗な虫が入った。アカスジキンカメムシ**(前ページ写真106)**である。手で触れると異臭を放ち、嫌われる虫の一種でもある。

鎌倉山 1 　2021.6.28

天気：晴れ　那須烏山市の気温：最高28.1, 最低17.8

107.クスベニカミキリ
クスノキ類につく（スケールは3mm）

今回は栃木県東部で、那珂川県立自然公園の南東部に位置する茂木町の鎌倉山（216m）を訪れた。本山はアユのヤナで知られる那珂川の川岸から直立した150mの断崖の上に立つ。そこから南部の後郷（うらごう）に続く低山地の広葉樹林帯は昆虫の多い好採集地であ

る。

　本日は大瀬側の登山口からジグザグの急登が続く登山道を行く。途中、目の前に20mmほどの赤色をした甲虫が飛び出した。何だろう、と捕獲してみると、久し振りに出会うクスベニカミキリ(**写真107**)である。

　本種は体長18mm, 体色は濃赤紅色で美しい。国内では本州、四国の暖帯樹林帯に分布し、幼虫はクスノキ類で育つが、アカメガシワやクリ、リョウブの花などに集まることが知られている。栃木県内では日光市(足尾)、那須塩原市、足利市、那珂川町などから少数が得られている程度で余り多くない。

　これに気をよくして、頂上から更に南部の山地帯を後郷に歩こうとしたが、頂上から少し下ったところで、この先道が崩落しているので通行止めの案内板がありがっかり。仕方なく、周辺の山麓を歩くことにした。

　鎌倉山の西麓で雑木林の下草をスウィーピングしていると、3mmくらいの大

108.栃木県から初めて発見され新種として記載されたイナイズミタマノミハムシ
（スケールは1mm）

きさの黒っぽいハムシの一種を得た。もしかしてと、帰宅後よく調べたところ、筆者が24年ほど前の1997年7月30日に鎌倉山から北に6.5kmほど離れた松倉山で発見し、滝沢春雄博士が筆者の名前を付けて新種として発表されたイナイズミタマノミハムシ*Sphaeroderma inaizumii* Takizawa(**写真108**)と判明した。栃木県内から2度目の発見となったわけである(関連が本書の「松倉山 1」の項にあり)。

その他、本日得られた主な種は、コブクチブトサルゾウムジ、コブハナゾウムシ、タバゲササラゾウムシ、カシワツツハムシ、チビカサハラハムシ、ムネアカキバネサルハムシ、メダカツヤハダコメツキなど。

　鎌倉山麓の桜本の道端に小さな権現神社がある。ちょうどお昼になったので、ここでおにぎりを食べようかと、また本日の大漁と道中の安全を祈願しようと立ち寄った。社殿前に立って拝もうとすると、すぐ前にあるお賽銭箱にオオムラサキ成虫1匹が止まっているのを発見。よく見ると、木製の箱の表面を口吻でなめ回しているところである。何か水分か甘いツユでも付いているのであろうか。オオムラサキは私が神社を離れるまで20分くらい同じ所に止まっていたが、ちょっと目を離した隙に姿を消していた。

鎌倉山 2　　2021.9.7

天気：晴れ　宇都宮市の気温：最高24.9, 最低16.1

　このところ雨の日が多く、気温も急に下がって来た。ちなみに、数日の宇都宮の天気と気温を羅列してみると、

9月1日：雨、気温Max.20.6, Min.19.0;

2日：曇り時々雨、20.5, 17.1;

3日：雨、22.3, 18.6;

4日：雨、22.1, 19.0;

5日：曇、25.5, 18.1;

6日：曇、20.6, 17.4;

などとなっている。9月としてはかなり低温で、例年の10月中旬の気温だという。この長雨と低湿の影響で、八百屋さんのレタス、キュウリ、白菜など

109.鎌倉山の南登山口、頂上まで車道がある

の野菜類は高値が続いているようである。

　今日は茂木町の鎌倉山にやって来た。南側の登山口(**写真109**)に車を置いて頂上方へ歩き出すと、まずミンミンゼミの鳴き声が聞こえてきた。まだ、夏は終わっていないのかな、と。しかし、この山から南方面の後郷に下るコースは前回(2021年6月28日)に訪れたときと同様、山崩れで道が埋まり通行禁止の立て看がそのままである。やむなく、南側の山裾を走る舗装道銘を後郷方面へと歩いてみることにした。道の両側には種々の広葉樹が茂り、車の通行もあまりなく、採集にはまずまずのコンデーションである。

　登山口の直ぐ西側にあるかなり広大な池沼(湿地)の水辺に下りてみると、イトトンボが目に付いた。掬って見るとオオイトトンボである。池の周りには道が無く背の高い草で覆われていて、周囲を回ることはできないが、じっくり調べたら面白い昆虫が見つかるのではないか。今日、トンボで特

110.クヌギなどにつくトゲアシゾウムシ
（スケールは1mm）

に感じたのはオニヤンマがやたらと多く、直球のようなすごい速さで飛び回っていること。

道すがら、道端の広葉樹や草葉をスウィーピングしてみると、サトクダマキモドキやツユムシ、ハヤシノウマオイ（またはハタケノウマオイ）、ヤマトヒバリなど秋の虫が見られ、やはりもう秋なのかな、と感じられた。

甲虫類では、あまり見かけないトゲアシゾウムシ**（写真110）**に出会った。本種は体長3.5mm, 体の色は黒褐色地に小さな真珠光沢のある鱗片を装う。国内分布は本州、四

111.クヌギの幹より樹液を吸うサトキマダラヒカゲ
（前翅長は50mm）

国、九州でクヌギなどにつくとされる。栃木県内では那須塩原市、日光市（旧栗山村）、那須烏山市、鹿沼市、宇都宮市などから記録されているが、あまり多くない。

　その他、この日見られたチョウ類ではクロアゲハ、キタテハ、コミスジ、コジャノメ、サトキマダラヒカゲ**(写真111)**など13種。甲虫類では、アカクビボソハムシ、ドウガネツヤハムシ、キクビアオハムシ、ムネアカキバネサルハムシ、ヒロオビジョウカイモドキ、アケビタマノミハムシ他。

　気温の低下と共に、昆虫類の種類、個体数とも急激に減少しつつあると感じられた。

鎌倉山 3　　2022.5.19

天気：快晴　那須烏山市の気温：最高26.4, 最低8.8

　今年(2022年)の最初の虫採り行は栃木県東部の茂木町鎌倉山と、その周辺地域を歩いてみることにした。筆者の自宅のある宇都宮からの途中の水田地帯では田植えも終わったばかり、農家の庭先では色とりどりのツツジの花が満開である。

　鎌倉山の南側登山口に車を置いて頂上方面に歩いて直ぐ、道端に頭の無い70〜80cm級のアオダイショウの死体を発見。近づいてみるとヘビの体が動いたように見えた。「エ、まだ生きている？」。そんなはずはないと、ヘビの体を蹴飛ばして見ると、腹部付近の下方に2匹の黒くてデッカイ体長40mmほどのクロシデムシ**(次ページ写真112)**がご馳走にありついているところであった。ヘビの死因の特定は不明であるが、アト2〜3日経過すれば他のシデムシ類やゴミムシ類などが多数集まって来るであろうと

112.ヘビの死体に集まっていたクロシデムシ
体長40mm

推定され残念であった。虫の方の獲物はクロシデムシ1種であったが、山でこのようなヘビの死体に出くわすことは虫屋にとっては大変幸運な事である。

このアト、広葉樹の茂る森の中の道端をスウィーピングしながら頂上方面に登っていくと、ゾウムシ類ではホオジロアシナガゾウムシやスネアカヒゲナガゾウムシ、キイチゴトゲサルゾウムシ、コゲチャホソクチゾウムシ、ハムシ類ではキアシノミハムシ（食草：フジ、ハギ）、ツブノミハムシ（コナラなど）、クロオビカサハラハムシ、チビカサハラハムシ、タマムシ類ではウグイスナガタマムシ、コウゾチビタマムシなどが得られた。

頂上付近では4.,5人のハイカーが訪れていて、那珂川方面の絶景を楽しんでいる。

頂上から少し下った南側には鷹ノ巣方面へのハイキングゴースが延びているのであるが、数年前の台風による山崩れで通行止めの看板。ここからが、虫屋にとっても

113.フトネクイハムシ
湿地に住みウキヤガラにつく（スケールは2.5mm）

素晴らしい山行コースなので、早急な復旧が待たれよう。仕方ないので、いったん山を下りて、南部の後郷から鷹ノ巣へ入ってみようと考えた。

　鎌倉山の南側登山口の直ぐ側に谷を埋めるように広大な湿地がある。早春のこの時期、湿地にどんな昆虫が見られるか近づいてみた。すると、まず目に入ったのは多数のシオカラトンボと青色が目立つオゼイトトンボ、橙色で可憐なモートンイトトンボである。

　次いで、湿地の水性植物に目をやると、予期した通りネクイハムシの仲間が目に入った。ただ、ズック履きの筆者は湿地に足をとられ、思うように動きがとれない。それでも漸く数匹をゲットすることができた。獲物は数匹のフトネクイハムシと1匹のスゲハムシであった。

　フトネクイハムシ(**写真113**)は体長7〜8mm、体は銅色。国内分布は本州、九州で、食草としてはウキヤガラが知られている。栃木県内では那須

114.鎌倉山南部の鷹ノ巣から見た那珂川の風景
左小高いところ鎌倉山山頂、中央の橋のところが大瀬のヤナ

塩原市、那須烏山市、茂木町、益子町、市貝町、宇都宮巾などの湿地から得られている。

本日歩いた鎌倉山と鷹ノ巣間で特に目に付いたのはモンキアゲハで、いやに多く5、6匹は見たと思う。本種は、栃木県内では1970年代以降見られるようになった暖地性のチョウであるが、県内ではところによっては最も普通に見られるようになったな、という感じがする。

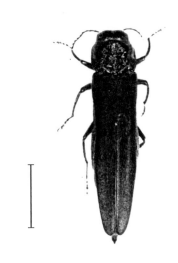

115.クロナガタマムシ
クヌギやミズナラにつく（スケールは4mm）

　本日の最後の行程で鎌倉山の南部の鷹ノ巣にあるオートキャンプ場に立ち寄ってみた。当地への出発点に当たる鎌倉山からのコースが通行止めとなっていたためか、鷹ノ巣のキャンプ場も休業の様子で人の気配はない。当地から錢倉山方面に少し歩いてみると、まず目にとまったのは那珂川、大瀬、鎌倉山方面の絶景である**(前ページ写真114)**。

　鷹ノ巣キャンプ場周辺では広葉樹等のスウィーピングでトゲアシゾウムシ、ツンプトクチブトゾウムシ、ムシクソハムシ、クロナガタマムシ、ヒラタクシコメッキなどが得られた。

　クロナガタマムシ**(写真115)**は体長13mm。体は黒色で紫藍色の光沢を帯びている。平地から山地のミズナラ、クヌギなどの枯れ木で見られる。

多田羅沼 1 2019.5.17（市貝町）

天気：晴れ　宇都宮市の気温：最高26.2, 最低14.8

116. 入口付近の立て看板
ここにはサギソウやトキソウがある（あった）らしい

　本沼はスギを主体とした森に囲まれた60〜80m×40〜50mの広さの沼とその5倍以上もある湿地よりなる。この沼と湿地にはサギソウ、ムラサキミミカキグサ、カキツバタ、トキソウが自生していたらしく、看板**(写真116)**には採取禁止と書かれているが、現在それらが健在かどうかはわからない。

　沼に着くとスイレンの白い花が満開**(次ページ写真117)**である。そして、ブオ、ブオ、ブオというウシガエル（食用蛙）の大きな鳴き声が辺りに響いている。水面には時々ジャボンという魚の跳ねる音が響いていて、岸

117.多田羅沼風景
白いスイレンの花がびっしり咲いている

辺近くではコイのような大きい魚が泳いでいるのが見られる。

　湿地の方はスゲやヨシに低木の混じった広大な面積。この沼と湿地の周辺は高い樹木に覆われていて薄暗く静かな環境である。数十年前、この湿地で綺麗で珍種のキンイロネクイハムシを発見しているが、現在も健在であろうか。

　今日は、沼では水面上を飛翔する数匹のトンボ(ヤンマ？)を見たが、岸辺から遠く捕獲には至らず。湿地ではスゲの花も終わり、一部掬って見たがスゲハムシ類は全く見られず。

　チョウ類では黒っぽいアゲハチョウの仲間3匹、ヒョウモンチョウの一種1匹、他にヒメウラナミジャノメ(多)、キチョウ数匹を見かけたのみ。

　甲虫類では周辺の草葉や樹木を掬って見たが、めぼしい種は何も入らず。ただ、この日やたらと多く見かけたのはジョウカイボン(**写真118**)である。5〜6匹が絡まるように飛び交っていたり、単独でも付近の草葉上

に静止する個体が多数見られ
た。

ジョウカイボンはジョウカイボン
科に属するホタルに近い仲間で
ある。体は細長く、一見カミキ
リムシに似るが、羽は柔らかでア
ンテナは短い。体長は15mm内
外、上翅は褐色、胸部は黒色。幼
虫はホタル型で石や落ち葉の下
に住み、アブラムシなど微小な
昆虫類を捕食する。変な名前だ

118.ジョウカイボン
この日もっとも多く見られた種。ごく普通種で、
花にきた他の昆虫を捕食する(スケールは4mm)

が、漢字では「浄海坊」「菊虎」と書く。英名では「soldier beetle(軍人甲
虫)」と呼ぶらしい。

　あと、本日おやっと思ったのは、山地帯でよく見かけるミヤマヒラタハム
シ**(写真119)** を見つけたこと。この種はほとんど平地に近い場所での出
会いなので、近縁のクルミハムシかと思ったが、形態の特徴からミヤマヒ
ラタハムシと同定した。体長
7mmほど。上翅は赤銅色、前胸
背板は黄褐色。食草はハンノキ
類で、当所に自生している。

今日沼で出会った人は3名。60
代の男性一人と女性二人。男性
は釣り竿を持って歩き回ってい
る。女性の方はスイレンの白い
花にカメラを向けている。

119.ミヤマヒラタハムシ
食草はハンノキ類。栃木県内では山地帯に分布の中心
があり、平地では珍しい(スケールは2mm)

多田羅沼 2　伊許山　2022.6.1

天気：晴れ　気温：最高25.7, 最低14.7

＊多田羅沼

　沼の畔に着くと南側の水面にはスイレンの葉が一面に広がり、白い花が満開である。近寄ってみると、スイレンの葉の上で体長2〜3cmと6〜7cmほどのミドリガメ2匹が動き回っていて、私の姿に反応したのか直ぐに水中に姿を消した。更に沼の周辺からはブオ、ブオという食用ガエルの鳴声が聞こえてくる。両種とも外来種であり、誰かが放流したのであろうか。

　今日、本沼を訪れた目的の一つは、数十年前に見かけた綺麗なキンイロネクイハムシと最近県内で生息が再確認されたキアシネクイハムシなどのネクイハムシ類の生息を調べることである。しかし、沼の北部に広がる湿地では、長靴を履いて挑戦してもぬかるんで危険を感じたため、十分な調査は出来なかった。

　以下、本日沼の周辺で出会った主な3種について述べておきたい。

　1）サラサヤンマ腹長43mm,後

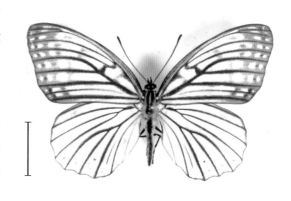

120. アカボシゴマダラ
本個体は春型で、白っぽく後翅には赤い紋がない
（前翅のスケールは20mm）

121.ハネビロアカコメツキ
湿地周辺からの記録が多い
（スケールは3.5mm）

翅長39mm。胸腹部には黄色の斑紋があり美しい。和名はこの斑紋の更級模様に見立てて名付けられたという。本種は我が国特産種で、北海道から九州にかけて分布し、丘陵地や低山地の湿地林に生息する。栃木県内では宇都宮市や大田原市、矢板市、塩谷町、足利市、野木町などから記録されている。

　２）アカボシゴマダラ（**写真120**）沼の畔を歩いていると白くて大きなチョウがゆったり飛んでいる。アゲハチョウより少し小さく、モンシロチョウより大きい。あれ、こんなチョウが日本に住んでいたかな。捕まえて見ると、アカボシゴマダラの春型♀であった。筆者はこれまで本種を数匹捕まえたことがあるが、いずれも夏型個体で後翅に赤い紋があるが、今日の個体にはこの赤い紋が全く無いので、一瞬別のチョウかなと思った訳である。

　３）ハネビロアカコメツキ（**写真121**）体長11mm。胸部はオパール光沢のある黒色。上翅は軽い赤色で美しい。湿地の草葉のスウィーピングで得た。本州、四国に分布し、成虫はカエデの花に集まることが知られている。栃木県内では那須町、那須塩原市、日光市藤原町、旧喜連川町、宇都宮市、旧藤岡町などから知られているが、多くが湿地周辺から得られている。

　その他ハチ類では片山栄助氏の同定によりタツナミソウハバチが得られていることがわかった。本種は稀な種で、栃木県内では栃木市の渡良

瀬遊水池から少数の記録があるに過ぎない。

　多田羅沼は栃木県の自然環境保全地域に指定されているが、現在一般市民が入れるのは、水面がありスイレンの茂る入り口近くの3分の一弱に限られている。奥の方に広い湿地が広がっているが、周囲に道はあるが、湿地内には道は無く、しかもぬかるんでいて入ることは危険である。湿地にはサギソウやトキソウなどの貴重な湿地植物が自生していたようであるが、現在どんな状況か判然としない。多分、そうした植物は盗掘にあって既に絶滅しているのかも知れない。

＊伊許山（別名　御岳山、162.2m）

　この後、多田羅沼から東へ5kmほど離れた御岳山神社の駐車場へ移動。そこから杉林に覆われた薄暗いアスファルト道路を頂上に向かう。手入れが行き届いていて車道の両側には殆ど草も生えていない。頂上まで

122.スジアオゴミムシ
林縁の枯葉の下で見つけた。体長は18mm

暫く虫はダメかと思ったら、オオヒラタシデムシ、クロオサムシ、ニワハンミョウ、その他ゴミムシ類数匹が見られた。ウム、こんな道でも虫がいるんだなと。

オオヒラタシデムシは体長20mmほど、黒色で体は扁平。全国の平地～低山地に生息し、動物の死体などに群がる。

ゴミムシの仲間でチョット綺麗で目に止まったのはスジ

123.タカハシトゲゾウムシ
幼虫はサクラやスモモの葉に潜る
（スケールは1mm）

アオゴミムシ**(写真122)**。体長18mm。黒色、頭胸背は緑～銅赤色に光る。栃木県内各地の平地～低山に生息。本個体は道端の枯れ葉の下で見つけた。

頂上の神社に到着後、当山のキャンプ場やトリム広場、芝生広場などの園地を歩いた。そこで出会った主な種類はキイチゴトゲサルゾウムシ、カナムグラトゲサルゾウムシ、タカハシトゲゾウムシ、ヒメケブカチョッキリ、マダラアラゲサルハムシ、コウゾチビタマムシ、アカヒゲヒラタコメツキ、ウスキテントウなど。

この中で、分布上、形態の特異性から特筆すべきはタカハシトゲゾウムシ**(写真123)**であろうか。本種は体長4mm。体色は黒と茶色のまだら。上翅に太いトゲが生える。後腿節の大きな三角突起は特異な櫛状を呈する。藪状の林床草地を掬って得た。栃木県内では宇都宮市、那須烏山市、塩谷町などから得られているが少ない。幼虫はサクラ、スモモの葉に潜るという。

伊許山 2022.8.29

天気：晴れ、一時曇り　気温：最高28.3, 最低18.7

　今回は前回(2022.6.1)参上した市貝町の伊許山(162.2m)を訪れることにした。当地は低山の伊許山と周辺の丘陵地帯のスギ、ヒノキの山林を含み、南東には2カ所のゴルフ場が接している。

　当地では、前回栃木県内での発見例が少ないタカハシトゲゾウムシが得られたことと、ゴルフ場用地以外では大面積の山林が残存し、大きな開発がなされていないところから、未知の昆虫類の生息が期待された。

　本日は今夏初めて朝の最低気温が20℃を割り、18.7℃となった。山に入ってみると、ツクツクボウシの鳴声が微かに聞こえてきた。また、林縁の草むらを掬って見ると、小型のヤマトヒバリや大型のヤマクダマキモドキ**(写真124)**(体長28mm, 翅を省く)などの直翅目が網に入り、もうそこまで秋がきている感じを深くした。

　飛んでいる虫、チョウに目をやると17種ほどが見られたが、特に薄暗い林地が多いせいかヒカゲチョウ、クロヒカゲ、キマダラヒカゲの一種、ヒメウラナミジャノメ、ジャノメチョウ、ヒメジャノメなど

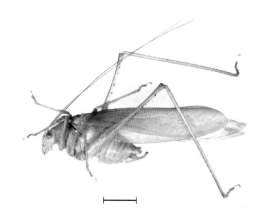

124.ヤマクダマキモドキ
広葉樹の樹上に住む（翅を除く体長のスケールは9mm）

のジャノメチョウ類が目についた。この中のジャノメチョウは陽の当たるごく狭い斜面で見かけた1匹であるが、本種は本来もっと広い草地で見かけることが多いので意外に思われた。次に多いのはセセリチョウ類で、数匹アミに入れてみると多くはオオチャバネセセリで、1匹だけあまり多くないチャバネセセリであった。

125.アシブトマキバサシガメ
これまでの栃木県の記録は3か所ほどと少ない
（スケールは2mm）

　今日の獲物の中で特筆すべきかなと思ったのは次の2種。

1）アシブトマキバサシガメ*Prostemma hilgendorffi* Stein**(写真125)**
体長7mmほど。体は黒色で、橙紅色と灰黄色の紋があり、すこぶる美しい種である。本個体はスギの林縁草地で得た。これまでの本種の栃木県内からの記録はあまり多くないが、前原(2014)は日光市、宇都宮市、下野市、栃木市から記録している。

2）チャイロコメツキ**(次ページ写真126)**
体長8mm。体は茶褐色。本個体は広葉樹の林縁路上で得た。これまでの栃木県内からの記録は真岡市と塩谷町の2例のみ。幼虫は針葉樹の朽ち木に住むことが知られている。

　その他、本日得られた主な種

　ハムシ類：クロオビカサハラハムシ（食草、カシワ類）、マダラアラゲサルハムシ（カシ類、本日多数見られた）、ヨツボシハムシ、サンゴジュハムシ、サムライマメゾウムシ（ハムシ科）、ヒメカメノコハムシ（イノコズチ）、サメハダツブノミハムシ（アカメガシワ）。

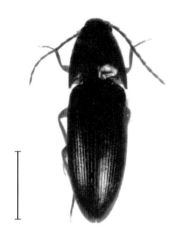

126.チャイロコメツキ
少ない種で、幼虫は針葉樹の朽木内に住む
（スケールは2.5mm）

タマムシ類：コウゾチビタマムシ、ヌスビトハギチビタマムシ、マメチビタマムシ。

　ゾウムシ類：アカクチホソクチゾウムシ、カシワクチブトゾウムシなど。

　本日訪れた伊許山には市貝町が営むキャンプ場やいくつかの園地がある。今年2度訪れたが、園内には人影は見られず静まりかえっている。今はやりの新型コロナの関係で閉園しているのかも知れない。

Ⅸ 八溝県立自然公園

（那須町、大田原市、那珂川町）

本公園は栃木県の北東部に位置し、那須町、大田原市（旧湯津上村、黒羽町を含む）、那珂川町（旧馬頭町、小川町を含む）の地域である。ここは、栃木、茨城、福島の3県にまたがる八溝山を中心とした八溝山系の山々と、公園の中心部を流れる清流・那珂川が雄大な自然景観を作り出していると同時に、多くの貴重な動植物相を育んでいる。

●那須
●日光
●大田原
八溝県立自然公園 ◆
●那珂川
●宇都宮
●那須烏山
●栃木
●足利
●小山
栃木県

127.黒羽の唐松峠側の御亭山登山口

御亭山 1 2021.6.9～10

天気：晴れ　大田原市の気温：最高30.3, 最低：14.7

　今回は八溝山系の一つ大田原市黒羽の御亭山（512.7m）にやってきた。1日目は唐松峠手前の登山口（前ページ写真127）から、2日目は反対側の北滝の登山口から入った。いずれもアスファルトの車道で、周囲の山の大部分は杉林であるが、車道の両側には種々の広葉樹と草本による緑地帯が続いている。また、至る所に山からしみ出た小流が見られ、そこから育ったと思われるサナエトンボなどが多く見られる。車道には時々少数の乗用車やバイク、サイクリングなどを楽しむ若人の姿が見られる。

　まず本日見られた昆虫類であるが、チョウ類では山頂付近のハナミズキとスイカズラの花でモンキアゲハ、アゲハチョウ、クロアゲハ、カラスアゲハ、あずまやの外壁を訪れたヒオドシチョウ、テングチョウ、ヒョウモンチョウの一種、キマダラヒカゲの一種などを合わせて20種が見られた。

128.ムカシヤンマ
口の形態や幼虫の生息場所に原始的特徴あり
（腹長のスケールは20mm）

　その他、本日特にすごいなと思われる種は見られなかったが、筆者がオヤッ！と思った3種について述べておきたい。

　1）ムカシヤンマ（**写真128**）

登山道の両側には周囲の山からしみ出した小流が多数見られ、そこ

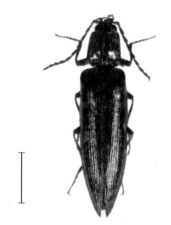

129.ヒゲコメツキ♀
細くて貧弱なヒゲ（アンテナ）を持つ。♂は名前にふさわしく
立派なヒゲを持つ（スケールは6mm）

で育ったと思われるトンボの個体数も多いようである。数匹捕獲してみると、その多くはダビドサナエであった。その他やや大型の個体も得られたが、これは思いがけずムカシヤンマであった。

ムカシヤンマは日本特産種で、国内分布は本州及び九州である。栃木県内では低山地から亜高山帯にかけて広く分布し、高標高地からの記録は日光光徳沼(1600m)，奥鬼怒八丁の湯(1300m)などがある。本種の幼虫は低山地や山地の斜面の水のしみ出しているような湿った土中やコケの間に生息し、成虫まで3～4年を要すると推定されている。

2）キイロナガツツハムシ

体長5～6mm.体の色は黄褐色。国内では本州、四国、九州に分布し、栃木県内では足利市、栃木市、真岡市、那珂川町などから記録されているが、足利市以外、特に県央～県北では滅多に出会うことはない。食草はイヌシデ、クリ、ナラ、クヌギ、ミズキ、サクラなどが知られている。

今回見られたその他の主なハムシ類としては、マルキバネサルハムシ、キイロタマノミハムシ、キイチゴトビハムシ、トビサルハムシ、キバネマルノミハムシ、セモンジンガサハムシなど。

3）ヒゲコメツキ**（写真129）**

体長21～27mm.体の色は赤褐色。国内では北海道から九州にかけて広く分布。栃木県内でも平地～山地にかけて広く分布し、特に珍しい種で

130.御亭山の頂上(512.9m)

はないが、近年出会う機会がめっきり少なくなったようである。筆者が前回出会ったのは7年前(2014)、茂木町仏頂山の山麓でのことで、その時得たのは大変立派なヒゲ(触角)を蓄えた♂であった。今回のは♀個体で、ヒゲは弱い鋸状。♂では長く平たい分枝を出した櫛状である(稲泉、2015;♂の写真あり)。

　その他、本日見られたコメツキムシ類としては、クシコメツキ、ヒラタクシコメツキ、ハネナガクシコメツキ、ケブカクロコメツキなど。

　一日目、山頂(**写真130**)に着いてやれやれとおにぎりを食べていると、近くから笛を奏でる音が聞こえてきた。どんな人が吹いているのかなと、音のする方に行ってみると、なんと3人連れの中高年のオバヤン達である。県内のさくら市から来られたそうで、皆さん音楽サークルの一員で、静かで、誰にも騒音被害を与えない山の中で猛特訓中だという。

御亭山 2　　2022.7.8

天気：晴れ　気温：最高29.8,最低21.9

　今回は大田原市北滝から御亭山(512.7m)頂上へ向かって歩いた。アスファルトの立派な道(**写真131**)で、両側はスギ、ヒノキ林が続く。道沿いのエゴノキ、サクラ、カエデ、コナラなどを掬いながら登っていく。時々、バイクや乗用車、ランニングの人たちに出会う。

　歩き始めて間もなく気づいたのは、トンボ類が多く飛び交っていることである。2mくらいの上空では大型のヤンマが多い。2匹ほど捕まえて見るとオニヤンマである。もう一種見かけたように思うが、種の確認には至らず。

131.大田原市北滝から山頂に向かう林道

132. コブスジサビカミキリ
ミズキなどの枯れ枝やクズの枯れヅルにつく
（スケールは1.5mm）

更に、アスファルト道路の上すれすれを這うように飛んでいるヤンマより少し小型のトンボ類が目に付いた。何をしているのか判然としないが、暑いはずの路面すれすれを飛び回っているのである。数匹捕まえて見ると、コサナエとヒメクロサナエが大部分で、ごく少数アキアカネも混じっている。黒っぽくて平らな路面を「川」と思い込んで産卵しているふうでもなさそうだし、餌を採っているようでもない。ハテ、ミステリー飛翔のホンマのわけは！　一体何であろうか。同様の現象は宇都宮市の古賀志山でも観察した（本書「古賀志山1」）。

　道端のスウィーピングではアミに何が入ったのかのぞいてみると、一つは体長4mmほどのクチカクシゾウムシの一種で、種名の判別は難しい。後日、この仲間の専門家に見ていただいたところ、マエバラナガクチカクシゾウムシと判明した。手持ちの古い標本を精査したところ、栃木県内の日光市湯西川、塩谷町鳥羽の湯、旧黒羽町八溝山より各1匹が得られていることがわかった。

　その他では、私にとって初めてのコブスジサビカミキリ（**写真132**）が入っていた。体長5mm、体の色は黒褐色。上翅の末端付近には4つの白っぽいコブがある。栃木県内では那須町、那須塩原市、旧二宮町、日光市今市、塩谷町から得られているが個体数は多くないようである。ミズキやクズ、カエデ、オニグルミ、イチジクなどに集まるという。

網に入った種の中でもう1種挙げておきたいのは、アカクビナガハムシ(**写真133**)。本種は体長9mm,体の腹面、および背面が赤色。低山地のサルトリイバラやシオデで見かける。

その他、ハムシ類ではタマツツハムシ、キバラルリクビボソハムシ、アカタデハムシ、トガリカクムネトビハムシ、ムネアカタマノミハム

133.アカクビナガハムシ
里山のサルトリイバラ、シオデにつく（スケールは2.5mm）

シなど。ゾウムシ類ではエゴツルクビオトシブミ、ヒゲナガホソクチゾウムシなど。カメムシ類ではヒメホシカメムシ、セアカツノカメムシなど。また、その他の甲虫類ではムナビロサビキコリ、ウメチビタマムシなどが得られた。

11時30分過ぎに快晴の頂上に着いて、南の筑波方面、北の那須岳方面の眺望を楽しみながら昼食をとり、ふと車のラジオのスイッチを入れると、思いがけずも安倍元総理大臣の銃撃事件が報道されており、驚かされた。

*八溝県立自然公園には、その他八溝山、花瓶山、向山、萬蔵山、鷲子山などの森が含まれているが、これらの昆虫類については稲泉(2015)において記述している。

X その他の公園、森等

最近、筆者が訪れた栃木県内の県立自然公園以外の公園、森等について、いくつか追加して記述しておきたい。

井頭公園 1　2019.7.10 (栃木県真岡市)

天気：晴れ　気温：最高23.9, 最低17.1

井頭公園(**写真134**)は栃木県宇都宮市から南東へ12kmほどの真岡市北部の下籠谷にあり、中央の大きな池を中心に総面積93haに及ぶ。池の周辺には一万人プールや野球場、サッカー場、テニスコートなどの運動施設やバラ園、ボタン園、ツツジ・シャクナゲ園などの植物園があるほ

か、外緑には広葉樹や針葉樹の自然林が拡がり散策エリアとなっていて、多くの人たちがウオーキンやジョギングに訪れている。

134.井頭公園風景

　本公園の運営代表者は公益財団法人栃木県民公園福祉協会となっている。

　今回は、公園の北部地域にある池や湿地周辺で、日本一美しいチョウの一種と言われるミドリシジミとの出会いを求めるつもりである。

　梅雨の最中であるが、7月に入ってから晴れた日はほとんど無くて、23℃くらいの肌寒い日が続いている。今日は午前10時ころ多少薄日が差してきたので、出かけてみることにしたが、日照はごく短時間で曇り空が広がっている。池の周辺ではバードウオッチングする人や、ご夫婦で散歩する人達が多数見られる。

　池の中央部付近を横断する道の両側や池の岸辺にはミドリシジミの食草となるハンノキが散見されるので、樹木の梢を注視していると1匹の小型のチョウが飛び交っていて、地上3mくらいの葉上に止まった。緑色に輝くミドリシジミの♂である。宇都宮市柳田町の鬼怒川河川林で見かけ

て以来数十年振りの出会いである。この日は、曇り空のせいか、目撃したのはこの1匹にとどまった。本種は栃木県内では平地から低山地のハンノキ類の自生する池や湿地周辺で見られる。

ミドリシジミ類は国内に13種ほど生息しているが、1種以外は♂の翅の表面は金緑色の宝石のような輝きをしていて、まさに「森の宝石」である。

135.モリチャバネゴキブリ
本種は森の落葉下で生活するが、よく似たチャバネゴキブリは市街地の人家内に住む(スケールは5mm)

この日、チョウ類で他に見られた種はイチモンジチョウ、コミスジ、メスグロヒョウモン、キチョウ、サトキマダラヒカゲ、オオヒカゲ、黒いアゲハチョウの一種など。

本日、池の周辺の湿地や草地で見かけた昆虫類で、特に取り上げておきたいのは次の3種である。

1) モリチャバネゴキブリ (**写真135**)

本種の体長は13mm。体色は褐色。ゴキブリというと家屋内の台所などにいて毛嫌いされるが、本種は人家内には一切入らず、平地の森林内の落ち葉下や草地に住む。ただ、本種によく似た格好のチャバネゴキブリは全国の家屋内に住む世界共通の家屋害虫である。栃木県内でも都

136.オナガサナエ
平地から低山地の清流に生息。
(腹長のスケールは14mm)

市部の繁華街などには多数見
られる。

　2）オナガサナエ**（写真136）**
本種は腹長42mm。河川の中
流域や平地〜低山の池沼で見
られる。栃木県内では宇都宮市
の初網沼や鶴田沼、大田原市
の琵琶池、日光市野口、八溝山
他から得られている。今回の個
体は池の畔をお回りしていたも
の。

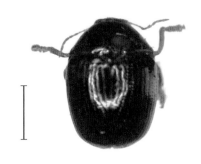

137.タマツツハムシ
コナラ、クヌギにつく（スケールは1mm）

　3）タマツツハムシ**（写真137）**
本種は体長2.5mm。体は黒色。平地〜低山地のコナラやクヌギにつく。
湿地周辺で見かけることも多く、今回の個体は池の周辺の草地で得た。
栃木県内では那須塩原市関谷、宇都宮市長岡湿地、佐野市飛駒、足利市
石尊山他から得られている。

井頭公園 2　　2019.8.26

天気：曇ったり晴れたり　気温：最高29.4, 最低20.5

　今回も池の北部周辺の草地及び樹林帯**（次ページ写真138）**を歩い
た。気温は、朝は20℃くらい、日中は30℃を割るようになり、虫の数も種
類も前回（7月10日）よりグンと少なくなった。池の周辺の散策路では、相

138.井頭公園、池の風景

変わらず夫婦連れや中高年のウオーキング族が多数見られる。池の水面ではギンヤンマ？やショウジョウトンボが飛び交っているが、前回多数見られたコシアキトンボの姿は見当たらない。チョウの姿もめっきり少なくなり、アゲハチョウ、オオヒカゲ、キチョウ、ルリタテハ、オオチャバネセセリを見かけた程度。

　池の畔を歩いていると、5〜6人の中高年のおじやん達が池に向かってデッカイレンズを付けたカメラの砲列を敷いている。何を狙っているのか聞いてみると、カワセミだという。羽の青いきれいなあの鳥である。向こうからも、何を採っているのかね、と返ってきた。トンボやチョウを調べていると答えると、「チョウトンボを見かけたが捕まえたかね」と。おじやんの中に虫に詳しい人がいるらしい。

　池の周辺の草地を掬って見ると、キベリクビボソハムシ、カメノコハムシ、チビヒョウタンゾウムシに混じって秋の虫、クサヒバリやヤマトヒバリ

が入った。

池の周辺には広葉樹やアカマツなどが茂っていて陽が当たらない。涼しくて快適なように思われるが、ヤブ蚊がワンサといて、肌の露出している手の甲や顔などを容赦なく襲ってくる。片手に捕虫網、もう一方に防虫スプレーを握っての虫採りである。

池の近くの黄褐色をした粘土質の土の上を歩いていると、路

139.ルリゴミムシダマシ
朽木や伐採木上で見られる（スケールは5mm）

上で飛んだり止まったりしている小型の甲虫を見付けた。最近、栃木県内の平地から里山にかけて広く見られるようになったトウキョウヒメハンミョウである。

また、水辺から少し離れた小高い所に、伐採した樹木を積み上げている場所を見つけた。これは願ってもない宝の山と近づいてみると、ビロウドカミキリ(1匹)、ナガゴマフカミキリ(5)、ルリゴミムシダマシ(1)、キマワリ(3)が止まっていた。この中のルリゴミムシダマシ**(写真139)**は筆者が初めて見る種で、大きさ16mm, 上翅には紫っぽい光沢がある。全国に分布し、朽ち木上で生活する。栃木県内では、これまで塩谷町、芳賀町、宇都宮市、足利市などからごく少数の記録がある。

（追記）

この年の秋に同地を訪れ、池の周辺を歩いていると、思いがけずネズミの死骸に出会った**(次ページ写真140)**。センチコガネとクロスズメバチの一種がご馳走にありついているよう。

スズメバチについてハチの専門家の片山栄助氏にお伺いしたところ、分

布域などから考えると、写真の種はクロスズメバチと思われるとのことである。

140.池の周囲の路上で出会ったネズミの死骸に集まるセンチコガネとクロスズメバチの一種(2019.10.5)

井頭公園 3 2020.5.13

天気：晴れ　気温：最高28.1, 最低14.7

　当園では、新型コロナウイルスの全国的な感染拡大に伴う緊急事態宣言による外出の自粛により、暫く休園していたようであるが、この10日過ぎから来園が解除された。

　筆者も早速出かけてみたところ、いつもと変わらずウオーキングやジョギングをする人達で賑わっていた。しかし、バラ園では一度に多数の来訪者を制限するために、せっかく綺麗に咲いた3分の2ほどを摘み取っていた。また、池の畔にはカワセミの写真を撮ろうと数名の愛鳥家が、相変わらず椅子に座ってのんびりカメラを構える姿が見られた。

　本日は、まず池の畔に木製の遊歩道の設置された湿地植物園(**写真**

141.湿地植物園で筆者
同地の草地にはスゲハムシ類、ハンノキにはミドリシジミが生息

141）に入ってみた。多数のスゲの一種が茂っている一角を掬って見ると、予想通り数匹のキヌツヤミズクサハムシ（スゲハムシ）**(写真142)** が得られた。本種は大きさ10mmほどで、体色は黒褐色、紫青色、青色、銅赤色などいろいろ。幼虫はスゲの根につき、成虫になると同植物の花に集まる。

　湿地の水辺には青色をしたイトトンボ1匹が飛び回っているので、慎重にアミに入れてみると、ホソミオツネントンボ♂であった。本種は水辺で羽化後、

142.キヌツヤミズクサハムシ
食草は湿地のスゲ類（スケールは3mm）

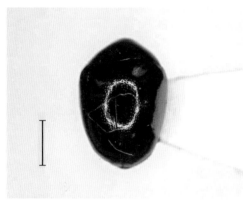

143.ドウガネツヤハムシ
食草は春の山菜のタラノキ（スケールは1mm）

森や山林で過ごし冬を越す。春、水辺に戻って交尾し、メスは水辺の植物の葉や茎の内部に産卵する。

この後、池の周囲の雑木林の下草をスウィーピングした。得られた種の主なものは、ゾウムシ類ではアルファルファタコゾウムシとササコクゾウムシ。

アルファルファタコゾウムシは体長5mmほど、体色は茶褐色。外来種で原産地はヨーロッパ。1982年に日本での発生が確認された。外国ではマメ科牧草の害虫として知られている。日本では、現在全国に分布を拡大中で、栃木県内では多くの河川の堤防などで見つかっている。

ササコクゾウムシは体長4mmほどで細長い。上翅には4つの赤黄色紋がある。竹類につく。今回はササと孟宗竹の茂っている草地より2匹を得た。

ハムシ類では前述のキヌツヤミズクサハムシの他、クロオビカサハラハムシ（食草：カシワ）、チビルリツツハムシ（コナラ）、キベリクビボソハムシ（ヤマノイモ）、ムナキルリハムシ（ヤナギ類）、ヨツボシハムシ、ナガトビハムシ、ドウガネツヤハムシなどが見つかった。

この中のナガトビハムシとドウガネツヤハムシは春の山菜につくことで知られている。ナガトビハムシ（スギナトビハムシともいう）は5mmほどで体色は黄褐色〜黒褐色。ギボウシやスギナを食べる。

もう一つのドウガネツヤハムシ（**写真143**）は天ぷらにするとおいしいタラノキにつく。体長は3mmほどで、体色は金銅色、または青藍色で光沢

がある。

この他、この日個体数の多かったのはコメツキムシ類でコガタクシコメツキ、ヒラタクシコメツキ、シモフリコメツキ、アカヒゲヒラタコメツキなどを見かけた。また、チョウ類では早春のためか薄暗い林の中でコジャノメ、水辺の広葉樹でコミスジ、野バラの花ではクロアゲハ1匹を見かけたのみであった。

144.キアシネクイハムシ
（スケールは3mm）

*ネクイハムシ類の追加記録

　深谷(2021)は2021年6月1日に井頭公園内の南部にある調節池でガマ属草本のスウィーピングによりキアシネクイハムシ6匹を得たと発表した。

　筆者は2022年5月24日、同所を訪れ調査したところ、キアシネクイハムシ**(写真144)**と思われる1匹を得た。本個体についてネクイハムシ類専門の林成多氏にお伺いしたところ、キアシネクイハムシで間違いないとのご教示を得た。同氏に厚く御礼申しあげる。その他のネクイハムシ類は見られなかった。

　そこで、ついでに当調節池より北へ2kmほど離れた当公園内の湿地植物園を訪ねてみた。この湿地にはスゲ類やヨシ、ヌマガヤなどが茂っており、一部を掬って見たところ、キヌツヤミズクサハムシ4匹、ヒラタネクイハムシ3匹が得られたが、キアシネクイハムシは見られなかった。

井頭公園 4 　2020.6.10

天気：晴れ　気温：最高32.8, 最低18.2

　今回はそろそろミドリシジミの発生期が来ていると思い、♂の生態写真の撮影と♀個体の採取を目的に訪れた。

　早速、食草のハンノキの自生する池の付近と湿地植物園を歩き回る。湿地ではコシアキトンボばかりがやたらと多くて、ハンノキの梢辺りを見回しても目指すミドリシジミは1匹も姿を見せない。ついでにコシアキトンボを仕留めようとアミを振るが、一瞬身をかわされなかなか捕まらない。30回くらい振ってやっと捕まえた。簡単にはいかない代物と理解した。他にもクロスジギンヤンマらしいのが飛び回っているが、私のような老いぼれのアミには入らないと諦めた。

145.森の宝石、ミドリシジミ
幼虫はハンノキ類を食べる
（前翅長のスケールは14mm）

更にハンノキの周りを見回るがミドリシジミの気配はない。すると、カメラをぶら下げた40才くらいのおっさんが近づいてきて、「何を採っているのか。ここでアミを振るのはやめろ。虫を採っているって。虫を採ってどうするのか。研究だって。ど

146.ウラナミアカシジミ
幼虫の食草はクヌギ、コナラなど（前翅長のスケールは21mm）

んな研究をするのか」。などとかなり強い口調でつっかかってきた。多分、
ミドリシジミの写真でも撮りに来たのであろうか。しかし、ここでアミを振
られては写真どころではない。私の存在が邪魔なのであろうと思い、これ
以上の関わりは避け、その場を離れた。時にはこういう人に出くわすこと
もあるかも。皆さん、お気をつけ下さいませ。

　その後、湿地周辺で静止していた羽化直後と思われるミドリシジミ♂
（写真145）1匹を発見。しかし、綺麗な羽を開いたポーズの生態写真は腕
の悪い私には撮れなかった。

　この後、広葉樹林で、チョウではウラナミアカシジミとアカシジミ、ウラ
ゴマダラシジミを見つけた。ウラナミアカシジミとアカシジミはミドリシジ
ミくらいの大きさで、共に翅の色は橙色で美しい。ウラナミアカシジミ**（写
真146）**では翅の裏面に黒い波形の斑紋がある。

　ハムシ類ではキベリクビボソハムシ（食草：ヤマノイモ）、キイロクビナガ

ハムシ（ヤマノイモ）、タマツツハムシ（コナラ）、ハンノキハムシ（ハンノキ）、ヒゲナガアラハダトビハムシ（ヘクソカズラ）など。この中のヒゲナガアラハダトビハムシは体長2mm、体色は黒褐色。草地でスウィーピングすると必ず5〜6匹が入るくらい多く見られた。

ゾウムシ類ではササコクゾウムシ、ニセヒシガタヒメゾウムシ、ダイコンサルゾウムシ、スネアカヒゲナガゾウムシなど。

その他では、ウスキホシテントウ、ニセホソアシナガタマムシなどを得た。

お昼頃、帰ろうかなと湿地植物園近くを歩いていると、アミを持った40才くらいの男性と出会った。どちらからと尋ねると、東京からだという。ミドリシジミを狙って来られたようであるが、私が今日オス1匹を得たが、時期的にまだ少し早いようだと告げ、別れた。

井頭公園 5　2021.9.13

天気：晴れ　気温：最高30.1, 最低18.9

宇都宮から井頭公園までの道すがら、目に止まったのは稲刈りが始まっていることと、露天でブドウやナシが販売されていたこと。秋を感じさせる一瞬である。

公園に着いて歩き始めると、雑木林内を飛ぶやや大型で褐色をしたチョウが目に入った。木の幹に止まったところをパチリ。オオヒカゲである。その他、この日見たチョウはアゲハチョウ、クロアゲハ、ミドリヒョウモン、オオチャバネセセリなど9種止まり。

オオヒカゲ（**写真147**）は国内では本州の平地から千メートル以下の低山地に分布し、河川敷や池沼、湿地周辺の雑木林などで多く見られる。

食草としてカヤツリグサ科のカサスゲ、ミヤマシラスゲなどが知られている。

　公園内は相変わらず散歩を楽しむ中高年の人たちで賑わっている。大きなアミを持っているためか、時々おじいちゃんやおばあちゃんから「何採っているのチョウ、カブトムシ？」などと声がかかる。

　公園内の池をのぞいてみると、夥しい数のトンボ類が飛び交っている。よく見ると、シオカラトンボが最も多く、少数のヤンマやサナエトンボ類が混じっているようである。種名の判別が付いたのはギンヤンマくらいで、他は種名不明である。時間と体力があれば、岸辺で粘って捕獲し、種名を確認したいところだが、老いぼれの筆者には残念ながらその気力は無い。

　いよいよ秋が到来ということで、鳴く虫を少し調べてみようと雑木林の下草を掬って見た。さぞかしいろいろ見つかるかと期待したが、姿を見せ

147.オオヒカゲ　川や池沼、湿地などの雑木林に住む（前翅開張は70mmほど）

148.サンゴジュハムシ
サンゴジュやガマズミにつく
（スケールは1.5mm）

たのはツユムシ、セスジツユムシ、それにコオロギの仲間1種と当て外れ。時期的に少し早すぎたのかも知れない。

しからば、種類の上でも、数の上でも圧倒的に多い甲虫類はどうだろうか。草地のスウィーピングで数を稼ごうとしたが、アミに入ったのは僅か6種。しかも、クロウリハムシ、サンゴジュハムシ、ドウガネツヤハムシ、サムライマメゾウムシなど、ごく普通種ばかり。

この中のサンゴジュハムシ**（写真148）**は体長6mm。体色は灰褐色。国内分布は北海道から九州におよび、食草としてはサンゴジュとガマズミが知られている。栃木県内では平地から低山地にかけて林縁や林床に自生するガマズミの葉上で普通に見られる。

サムライマメゾウムシ**（写真149）**は、名前からするとゾウムシの仲間のように思われるが、現在はハムシの

149.サムライマメゾウムシ
ヤマハギの種子につく（スケールは1mm）

仲間として扱われている。本種は体長3mm。体色は黒色で、上翅には白っぽい毛斑がある。全国に分布し、栃木県内では日光市、那珂川町、塩谷町などから記録がある。ヤマハギの種子に寄生することが知られている。

根古屋森林公園 2019.5.30 (佐野市飛駒)

天気：晴れ　気温：最高28.3, 最低13.3

　宇都宮から国道293号線と県道66号線等を走って約2時間、午前10時ころ飛駒の森林公園(次ページ写真150)に着いた。入り口近くに車を置くとすぐ側に長さ20〜30m, 幅3〜4mの小さな池がある。のぞいて見るとトンボ数匹が飛び交っている。大型のは体色からクロスジギンヤンマらしい。

中くらいのはシオカラトンボ、小型のはコサナエとわかった。

　クロスジギンヤンマらしい個体は2匹いて、互いに縄張りを主張しているらしく、時々激しく空中戦を展開している。間もなく私を認識したらしく、なかなか側に近づいてこないが、2匹が追い回している隙に乗じて近くに来たところを掬ったらマグレでアミに入った。クロスジギンヤンマ(次ページ写真151)である。

150.根古屋森林公園、入口付近

本種は体の細い部分の長さ（腹長）は55mmほど。体色は緑と青の混じった色彩で大変に美しい。近縁のギンヤンマは明るい大きな沼や大きな川縁に住むが、本種は薄暗い森の中の池に住むことが多い。

　公園の入り口付近にはキャンプ場があって、案内図によるとその近くを通る林道から山に入る道が4本ほどある。その中の一本「せんげんの道」を入った。最初はヒノキ林の薄暗いルートである

151.クロスジギンヤンマ
4〜6月ごろ低山地のうす暗い木陰の多い池沼に生息。
（腹長のスケールは26mm）

が、次第に急な登りとなり、上方部では岩のある道に変わった。ここで転んだり、滑ったりすると、麓まで滑落しアウトかも。もう虫どころではない。30分ほどへたばりながら登りつめると、要谷山展望台に着いた。標高は後で公園の管理人の方にお聞きしたら400mだという。ここで昼飯をとり、来た道は危険と思い、帰りは尾根を北西方向にとって、「するすみの道」に下りることにした。ヒノキとアカマツ、ツツジの混じるやや緩やかな下り道である。

麓に近づくと、はげ山となった伐採地が現れた。樹木の搬出路を下っていくと、山からしみ出た水が路面を濡らし始めた。よく見ると、濡れた路面上に数匹の小型のチョウと黒いアゲハチョウ1匹が止まったり飛んだりしている。テングチョウとカラスアゲハが吸水しているところである。更に、前方を見ると白っぽい大型のチョウ1匹も止まっている。近づいてなんとかカメラに納めた。最近、栃木県内でもよく見られるようになった中国

152.水のしみ出た路上で吸水するアカボシゴマダラ
（前翅長は40mm）

153.アカマツの伐採地と丸太
この丸太からウバタマムシを採る

由来のアカボシゴマダラ(**前ページ写真152**)である。思いがけない出会であった。

この後、ここを離れ公園の入り口方に歩いて行くと、更なる伐採地にさしかかった。路肩にはヒノキとアカマツの丸太が積んである(**写真153**)。何かいるかもと近づいてみると、これも思いもよらないウバタマムシ(**写真154**)1匹を発見した。

本種は大きさ30mm、体は金銅色。この虫と再会するのはなんと数十年ぶりである。それ以前は宇都宮のような街の中でも時々見られたが、数十年前に行われたヘリコプターによる松食い虫防除のための空中散布などにより激減した。本種はマツの枯れ木につくが生木に害を与えることはない。松食い虫(松を枯らすマツノザイセンチュウとその運び屋とされるマツノマダラカミキリとの共犯)防除のとばっちりを食らったのであろう。今回は図らずも

154.ウバタマムシ
松類の枯木につく(スケールは10mm)

再会でき、山の奥にはまだ生き残っていることをうれしく思う。

　この他、伐倒木の丸太からは体長13mm, 黒色で松の樹皮下などに住み、キクイムシ類の幼虫を食べるオオコクヌストやアリモドキカッコウ、カオジロヒゲナガゾウムシなどを見つけた。

　本森林公園の西側には近接して標高608mの多高山がある。筆者が2015年に出版した「山登りで出会った昆虫たち」の稿の多高山の項で、カシワより種々の昆虫類を得たと記述した。その後、栃木県内の植物に詳しい長谷川順一氏より、多高山にはカシワはなく、私がカシワとした植物はフモトミズナラ（またはモンゴリナラ）であるとのご教示を得ましたのでこの場をお借りして訂正させていただきたい。ご教示下された同氏に厚く御礼申し上げる。

あとがき

　今回の虫採り歩きで得られた結果のまとめとして、森や自然公園で出会った美しい虫、珍しい虫、北方へ分布を拡大する虫、レッドデータブックとちぎ掲載種などを以下に挙げておきたい。

●美しい虫　（　）内は出会った場所
　１）ミドリシジミ類：ミドリシジミ(真岡市井頭公園、**写真145**)、メスアカミドリシジミ(足利市名草巨石群、**写真67**)、オオミドリシジミ(足利市長石林道)
　この仲間の♂では翅の表面に金緑色の鱗粉を装い、その美しさはまさに「森の宝石」とも呼ばれる。これに反して♀は翅の表面が焦げ茶色で、まるで別の種類のようである。
　２）ヤマトタマムシ(益子町高館山、佐野市唐沢山、茂本町山内、**写真21,96**)
　本種については誰もが美しい虫としてあげるに違いない。本種はなかなか見つからないが、枯れ木などに止まっているところを偶然見つけることがある。高館山で見つけた場合は、山道脇の広葉樹の伐倒木に止まっていて、丸太の切り口の割れ目に下腹部を差し込んで産卵中の♀個体であった。唐沢山の場合は参道脇の路上で新鮮な死骸を見つけたもの。飛翔中に野鳥に襲われたのであろうか。茂木町では山裾の民家の薪に飛来したもの。
　３）ハンミョウ(益子町高館山、**写真23**)
　背面には赤や青、緑などの斑紋があり大変に美しい。粘土質の山道で飛んでは降りるを繰り返す姿が見られるが、山道が舗装され車の往来が増加するにつれ激減している。
　４）アカガネサルハムシ(矢板市県民の森、古峰ヶ原、**写真6**)

からだ全体金緑色で、上翅には赤い筋があり美しい。数十年前までは
ヤマブドウの葉上でよく見かけたが、最近は殆ど姿が見られなくなった。
今回、ようやく2度もの出会いがあり、筆者を大いに喜ばせた。

　5）フチグロヤツボシカミキリ（益子町高館山、**写真24**）

　全体が強い金属光沢の鱗片に覆われ美しい。上翅には8つの黒い紋が
ある。ホオノキにつく。栃木県内からは数例の記録しかなく、珍しい種で
もある。

　6）オオムラサキ（那須烏山市大木須、茂木町鎌倉山、**写真101, 102**）

　大型、翅の表面は紫色で美しく国蝶の名にふさわしい。平地〜山地帯
で見られるが、生息地は局所的で減少傾向である。

　7）クスベニカミキリ（茂木町鎌倉山、**写真107**）

　真っ赤なカミキリムシの一種。クスノキにつき、クワ、リョウブなどの花
に集まる。栃木県内では県北、県東からごく少数の記録しかない。

　8）メスアカキマダラコメツキ（鹿沼市古峰ヶ原、**写真58**）

　腹部は赤く、上翅には黄色の紋があり、小型ながら美しい。山地帯の
種々の花に集まるが、あまり多くない。

　9）クロスジギンヤンマ（佐野市根古屋森林公園、那須烏山市松倉山、
写真151）

　胸部は緑色、腹部には青い紋のある美しいヤンマ。平地から山地の薄
暗い池沼に住む。対照的に近縁のギンヤンマは明るい開放的な池沼や
河川に住む。

●**珍しい虫**（新種、栃木県初記録種、希少種など）

　1）**イナイズミタマノミハムシ**（**写真108**）

　筆者が1997年7月30日に本調査区域内の那須烏山市松倉山で得た
種で、滝沢（2015）により和名と学名に筆者の名前を入れ、イナイズミタマ
ノミハムシとして学会誌に発表されたもの。その後、今回の調査区域内の

茂木町鎌倉山で2021年6月28日に1匹を再記録した。

　2）クロカタビロヒメゾウムシ（**写真80**）

　稲泉(2021)は2020年6月27日に宇都宮市古賀志山から栃木県内初の記録。その後、今回の調査区域内の足利市名草巨石群から数匹を得ている。

　3）ミツオビヒメクモゾウムシ（**写真8**）

　矢板市長井県民の森にて2021年5月24日に採集（稲泉、2021）。栃木県内からの初めての記録は佐藤・大桃(2000)によるもので、塩谷町上寺島から得られた。

　4）マルモンササラゾウムシ（**写真86**）

　上翅背面に黒くて丸い大きな紋がある。国内分布は本州、四国、九州。栃木県内でのこれまでの記録は、今回の宇都宮市のほか塩谷町、旧上河内町、佐野市の3か所のみで少ない。

　5）タカハシトゲゾウムシ（**写真123**）

　上翅には太いトゲがあり、また後腿節の三角突起は特異な櫛状を呈する。栃木県内での記録は今回の市貝町伊許山のほか宇都宮市、塩谷町、那須烏山市など数か所で少ない。

　6）ヤマナラシハムシ（**写真5**）

　本種は、これまで栃木県内での記録は日光市からの1例のみであったが、今回、矢板市の県民の森で5月と7月に食草のヤマナラシから数個体ずつを得た。

　7）チャイロコメツキ（**写真126**）

　体は全体茶色。幼虫は針葉樹の朽ち木内に住む。栃木県内では、これまで真岡市と塩谷町から記録されており、今回得た市貝町伊許山が3番目の記録と思われる。

　8）ハスオビヒゲナガカミキリ（**写真12**）

　体長は10mmほどであるが、♂は体長の4倍半もある長い触角をもつ。

今回の調査では矢板市の県民の森から得たが、栃木県内では栃木市以北の低山地～山地帯でぽつぽつ見つかっている程度で余り多くない。

　9）アシブトマキバサシガメ（**写真125**）

　本種の背面には橙色や黄色の斑紋があり美しい。国内分布は本州、四国、九州で、草地や石の下などで見られる。栃木県内では今回の市貝町のほか、日光市、宇都宮市、下野市、栃木市から少数の記録があるに過ぎない。

　10）オオゴキブリ（**写真22**）

　頑健そうな体つきで、脚には鋭いトゲがはえており、素手で掴むと出血しそう。栃木県内での記録は今回のも含めて殆どが益子町の高館山付近である。その他では馬頭町鷲子山や塩谷町、大田原市からも見つかっているが、余り多くない。林の中の落ち葉下や朽ち木の中などでひっそりと生活し、人間の生活と関わることはない。

　11）ヤスマツトビナナフシ（**写真20**）

　後翅はピンク色をした薄い膜状で、飛べないと思われる。クリやクヌギなどにつき、処女生殖をするらしい。今回は益子町で得たが、その他栃木県内では那須塩原市や日光市、宇都宮市などから少数の記録がある。

　12）ヒメカマキリモドキ（**写真73**）

　トンボのような翅、カマキリのようなカマを持つ特異な格好の虫。今回の調査では宇都宮市古賀志山より2匹を得たが、栃木県内ではその他那須烏山市、益子町、真岡市、塩谷町などから少数の記録がある。

●北方へ分布を拡大する虫

　1）ツマグロヒョウモン

　本種が栃木県内で初めて記録されたのは「栃木県の蝶」(1975)によると、旧塩原町鶏頂山（現那須塩原市）1950年7月21日であり、この頃はまだ定着していない。その後、年を追うごとに発見個体数が増え、現在では県内の平地～低山地ではどこでもモンシロチョウ級の多さである。山口

(2021)によれば2002年には東北地方にまで分布が拡大し、その要因としては(1)地球温暖化やヒートアイランド現象による冬季の最低気温の上昇、(2)食草となるパンジーの栽培、流通の拡大が挙げられるという。

　2)モンキアゲハ(**写真105**)

　栃木県内での初めての記録は「栃木県の蝶」(1975)によれば、旧黒羽町両郷(現大田原市)1949年8月16日で、その後全県で多数の記録がある。現在では県内の平地から低山地ではよく見かけるチョウの一種となった。今回の調査では那須烏山市の花立峠で1匹を捕獲した。

　3)アカボシゴマダラ(**写真152**)

　栃木県内からの本種の初記録は判然としないが、「新栃木県の蝶」(2000)および「とちぎの昆虫I」(2003.栃木県)には記載が見当たらない。昆虫愛好会の会報・インセクトに本種の採集記録が見られるようになったのは2011年からで、この年には小山市、足利市、佐野市、真岡市、2012年には日光市、宇都宮市などから記録され、現在では平地〜低山地で広く見られるようになった。筆者の今回の調査では佐野市と那須烏山市他で目撃している。

　4)クロコノマチョウ(**写真30**)

　本種の栃木県内からの初記録は栃木市柏倉町1989年8月10日、1♀(2000)である。その後、県南東部の栃木市、小山市、真岡市、茂木町、益子町などからの記録が増えている。今回の調査では益子町の仏頂山麓の雑木林内と足利市の長石林道で各1匹と出会った。

　5)トウキョウヒメハンミョウ(**写真40**)

　本種は九州から関東に分布していて、栃木県内では筆者が1985年に宇都宮市内で初めて発見した(稲泉、1995)。その後、平野部から低山地にかけて分布を拡大しており、宇都宮市内では民家の庭先でも発生している。今回の調査では益子町、唐沢山の登山道で出会った。

　6)ラミーカミキリ(**写真50**)

本種は江戸時代に中国から長崎に侵入した帰化種とされる。日本国内分布は関東以西の本州と四国、九州。四国、九州では普通に見られるという。関東では千葉県や奥多摩方面では定着しているらしい。栃木県内では1993年に鹿沼市で見つかって以来、旧岩舟町や宇都宮市で見つかり、2022年には今回の調査により、佐野市唐沢山、茂木町山内、宇都市古賀志山でも見つかり、地球温暖化により更に分布を拡大しつつあるものと推定される。

●栃木県のレッドリスト掲載種

　栃木県林務部自然環境課・栃木県立博物館(2018)によるレッドデータブックとちぎでは、県内の絶滅および絶滅が危惧される昆虫類について、7つのカテゴリーに分けてそれぞれに該当する種のリストを公表している。

　7つのカテゴリーは、1)絶滅、2)絶滅危惧I類(Aランク)、3)絶滅危惧II類(Bランク)、4)準絶滅危惧(Cランク)、5)情報不足、6)絶滅のおそれのある地域個体群、7)要注目(保護上留意すべき、または特徴ある生息・生育環境等により注目すべき生物)である。

　今回の調査範囲で、上記のカテゴリーに該当する種は次のとおりである。

　1)準絶滅危惧(Cランク)
チョウトンボ(真岡市井頭公園)、ハンミョウ(益子町高館山)、ホソバセセリ(益子町仏頂山)、オオヒカゲ(真岡市井頭公園)、ミカドジガバチ(益子町益子の森)。

　2)要注目
ムカシヤンマ(大田原市御亭山)、オオゴキブリ(益子町高館山、大田原市寒井)、ヤマトタマムシ(益子町高館山、佐野市唐沢山、茂木町山内)、ミドリシジミ(真岡市井頭公園)、オオムラサキ(那須烏山市大木須、茂木

町鎌倉山）。

　３）情報不足

シリアカハネナガウンカ（宇都宮市古賀志山）。

追記　絶滅種について

　今回の本稿の調査区域内で栃木県の指定する絶滅種に該当する種として、ルリイトトンボ（那須町、大田原市）、ベッコウトンボ（大田原市、宇都宮市）、オオウラギンヒョウモン（宇都宮市）、カバシタキシタバ（栃木市）、ヒメシロチョウ（那須町、大田原市）などがある(2018)。

　また、県内の絶滅は確認されていないが、今回の調査区域内では絶滅したと考えられる種にムカシトンボがある。本種は栃木県東部の八溝山系や西部の旧粟野町方面では現在も生息の可能性が高いが、宇都宮市の古賀志山では1973年に宇都宮市の天然記念物に指定されたが、ダムやサイクリングロードの建設などの自然改変により、その後、1990-1992年の宇都宮市教育委員会の現地調査により絶滅が確認された。

謝辞

　本書を作成するにあたり、種名の同定や種々ご教示を賜った滝沢春雄氏、野津裕氏、大桃定洋氏、片山栄助氏、文書の作成にご支援を賜った香川清彦氏の他、いろいろご協力下された方々に厚く御礼申しあげる。

【主な引用文献】

樋口弘道(1993).分布上注目すべき昆虫2種について.栃木県立博物館研究紀要(40):45〜47.

深谷航(2021).真岡市におけるキアシネクイハムシの記録.インセクト72(2):87.

稲泉三丸(1995).トウキョウヒメハンミョウを栃木県で発見.月刊むし288:13.

稲泉三丸(2005).ヤマナラシハムシ栃木県から初記録.インセクト56(1):132.

稲泉三丸(2015).山登りで出会った昆虫たち,とちぎの山102山.随想舎.宇都宮.316pp.

稲泉三丸(2019).川辺の散歩昆虫記.櫂歌書房.福岡.175pp.

稲泉三丸(2021).栃木県初記録のクロカタビロヒメゾウムシ.インセクト72(1):40.

稲泉三丸(2021).甲虫2種の栃木県内2例目の記録.インセクト72(2):90.(注.2種とはミツオビヒメクモゾウムシとヤマナラシハムシ).

稲泉三丸(2022).栃木県内から新種記載されたハムシの追加記録.インセクト73(1):42.

稲泉三丸(2022).ラミーカミキリ,栃木県内で分布拡大か.インセクト73(2):98.

昆虫愛好会(1975).栃木県の蝶.栃木県の蝶編纂委員会.宇都宮.205pp.

昆虫愛好会(2000).新・栃木県の蝶.栃木県の蝶編集委員会.宇都宮.291pp.

栗原 隆・佐藤光一(2014)ラミーカミキリが宇都宮市内に侵入.インセクト65(2):190.

小林教太(2022).大田原市でオオゴキブリ確認.インセクト73(2):95.

前原 諭(2014).栃木県内で採集した甲虫およびカメムシ類について.インセクト65(2):158-164.

森谷 憲(1980).足利市名草巨石群.栃木県大百科事典.下野新聞社,宇都宮.p.536.

大川秀雄(1997).甲虫目.渡良瀬遊水池の動植物実態調査報告書<昆虫編>.渡良瀬遊水池を守る利根川流域住民協議会,p.56-96.

佐藤光一・大桃定洋(2000).塩谷町の甲虫目.塩谷町の自然,塩谷町,p.554.

Takizawa,H.(2015).Notes on Japanese Chrysomelidae (Coleoptera), Ⅲ. *Elytra Tokyo,* New Series,5(1):233-250.

栃木県自然環境基礎調査会昆虫部会編(2003).栃木県自然環境基礎調査.とちぎの昆虫Ⅰ 栃木県林務部自然環境課,宇都宮.735pp.

栃木県自然環境基礎調査会昆虫部会編(2003).栃木県自然環境基礎調査.とちぎの昆虫Ⅱ 栃木県林務部自然環境課,宇都宮.557pp.

栃木県環境森林部自然環境課・栃木県博物館編(2018).レッドデータブックとちぎ2018.栃木県の保護上注目すべき地形・地質・野生動植物.栃木県環境森林部自然環境課,宇都宮.990pp.

山口隆子(2021).ツマグロヒョウモンの分布拡大とその要因.昆虫と自然6(12):34-37.

Yoshihara,K.(2016).Coleoptera curculionidae、Baridinae.In Entomological society of Japan(ed.), *The Insects of Japan*,6.171pp.,6:37,112,figs 266,319.Toka shobo,Fukuoka.

渡辺秀昭(2004).栃木県南部におけるラミーカミキリの採集報告.インセクト55(2):77-78.

虫名索引

掲載ページ
太字は写真掲載ページ

稲泉 三丸 （いないずみ みつまる）

1939年山形県酒田市生まれ。元宇都宮大学教授。専攻は応用昆虫学。
現在、宇都宮大学名誉教授。環境省希少野生動植物種保存推進員。
専門分野では、主にアブラムシの生活環や多型に関する研究を行い、
農学博士の学位を取得。

主な著書
『栃木県の動物と植物』(下野新聞社、共著)
『日光の動植物』(栃の葉書房、共著)
『栃木の昆虫』(栃の葉書房、共著)
『栃木県大百科事典』(下野新聞社、分担執筆)
『花の百名山登山紀行、次世代に残そう山の花』(郁朋社、稲泉弘子と共著)
『山登りで出会った昆虫たち、栃木の山102山』(随想舎)
『川辺の散歩昆虫記、とちぎの主要20川』(櫂歌書房)など。

現住所　〒321-0944　栃木県宇都宮市東峰町3101-26

わくわく野山に虫を追う
とちぎの森・自然公園昆虫記

2023年11月30日　　初版第1刷発行

文・写真　　　　　稲泉　三丸

デザイン　　　　　有限会社　キューブ
発　　行　　　　　下野新聞社
　　　　　　　　　〒320-8686　栃木県宇都宮市昭和1-8-11
　　　　　　　　　TEL.028-625-1135　FAX.028-625-9619
印刷・製本　　　　株式会社　シナノパブリッシングプレス

© Inaizumi Mitsumaru 2023 Printed in Japan
ISBN978-4-88286-855-2 C0045